INHOUD / SOMMAIRE / CONTENT

Kortrijk is de enthousiaste gastheer van de tentoonstelling 'Futurotextiel 08'. Al generaties lang wordt deze stad immers geassocieerd met een succesvolle textielactiviteit.

De textielsector is nog steeds een belangrijke component van het sociaal-economische weefsel van deze streek. Dat textiel zo belangrijk was en is, heeft te maken met een grote zin voor vernieuwing, reconversie en inventiviteit in een uiterst competitieve omgeving. De sterke textielbedrijven van vandaag typeren zeer goed de ambitie van Kortrijk om dé stad van creatie, innovatie en design te zijn.

'Futurotextiel' verbindt ook de regio's Lille en Kortrijk. Beide gebieden hebben sterke roots in de textielindustrie en beschouwen deze nog steeds als speerpunten van een moderne economie.

Maar ook op veel andere vlakken zijn Lille en Kortrijk vaste partners geworden; een partnership dat begin dit jaar bezegeld werd met de oprichting van de Eurometropool Lille-Kortrijk-Tournai.

Dat de eerste editie van 'Futurotextiel' in Lille plaatsvond en de huidige editie in Kortrijk, is een perfect voorbeeld van de meerwaarde die de grensoverschrijdende samenwerking oplevert.

'Futurotextiel' situeert zich op het kruispunt van economie en cultuur. Dit uit zich ondermeer in de mix tussen kunstwerken en industriële producten, in de schitterende scenografie van Studio Arne Quinze en in de verrassende opstelling die niet gecompartimenteerd is per bedrijf.

'Futurotextiel' richt zich nadrukkelijk op de jonge generaties en dus ook op de onderwijswereld.

De textielsector is een uitdagende economische activiteit, met heel wat toekomstmogelijkheden voor creatieve, innoverende jongeren. Precies daarom staan heel wat initiatieven op het getouw om de interactie tussen het onderwijs en de industrie te verbeteren en om het ondernemerschap te stimuleren.

'Futurotextiel' bundelt vele krachten: lille3000, stichtend partner, Fedustria en designregio Kortrijk zijn de basispartners. We kregen financiële steun van de Europese Unie, de Vlaamse Overheid, de Provincie West-Vlaanderen en de stad Kortrijk. Ook een groot aantal bedrijven heeft bijkomende sponsoring – in speciën of in natura – aangebracht. Ik wil hen allen danken voor hun onmisbare bijdrage aan dit boeiende project.

Kortom, 'Futurotextiel' bezit alle troeven om een verrassende en grensverleggende ervaring te zijn voor alle bezoekers.

Ik wens jullie allen veel leesgenot.

Stefaan De Clerck
Burgemeester Stad Kortrijk
Voorzitter vzw Designregio Kortrijk

C'est avec un grand enthousiasme que la ville de Courtrai accueille l'exposition Futurotextiel08. En effet, depuis toujours, notre ville se veut être le partenaire privilégié d'une industrie textile résolument 'gagnante'.

Ce secteur textile reste une composante importante du tissu socio-économique de notre région. L'activité textile est aujourd'hui, comme par le passé, toujours très importante grâce à sa grande ouverture au monde qui s'exprime par son renouvellement, sa capacité de reconversion et son esprit inventif, et ceci au milieu d'un marché toujours plus compétitif.

Ainsi, les grandes entreprises du textile d'aujourd'hui reflètent parfaitement l'ambition de Courtrai d'être la ville de la création, de l'innovation et du design.

Futurotextiel est aussi le point de ralliement entre les régions de Lille et de Courtrai.

Ces deux régions ont de profondes racines communes dans l'industrie textile, qu'elles considèrent toujours comme le fer de lance d'une économie moderne.

Mais il y a de nombreux autres domaines où Lille et Courtrai travaillent main dans la main. Ainsi il y a le partenariat scellé au début 2008 par la création de l'Eurométropole Lille-Courtrai-Tournai.

Le fait que la première édition de Futurotextiel ait eu lieu à Lille et la seconde à Courtrai est une parfaite illustration des grands avantages nés de notre coopération transfrontalière.

De plus, Futurotextiel se situe au croisement de la culture et de l'économie, mis en lumière par l'association entre les œuvres d'art et les produits industriels. Ceci est à l'image de l'excellente création du Studio Arne Quinze et de son étonnante scénographie qui ne se réduit pas au monde de l'entreprise.

Futurotextiel s'adresse bien évidemment aux jeunes générations et par voie de conséquence au monde de l'enseignement. Le secteur du textile représente une activité économique riche en défis et donc résolument tournée vers l'avenir, destinée à de jeunes talents créatifs et inventifs. C'est précisément pour cela que beaucoup de projets ont été lancés dans le but d'améliorer l'interaction entre enseignement et industrie et de stimuler ainsi l'envie d'entreprendre.

Futurotextiel a vu le jour grâce au concours de plusieurs instances dont lille3000, partenaire fondateur, Fedustria et Designregio Kortrijk. Rajoutons l'aide financière de l'Union Européenne, du Gouvernement flamand, de la Province de Flandre-Occidentale et de la Ville de Courtrai. Nous n'oublions pas l'apport d'un grand nombre d'entreprises, que ce soit par leur participation financière ou par leurs contributions non financières.

Pour conclure, je dirais que Futurotextiel possède tous les atouts pour être un événement transfrontalier qui devrait surprendre tous ses visiteurs.

Enfin, permettez-moi de vous en souhaiter une bonne lecture.

Stefaan De Clerck
Maire de Courtrai
Président a.s.b.l. Designregio Kortrijk

It is with great enthusiasm that the town of Kortrijk hosts the 'Futurotextiel 08' exhibition. Effectively, our town has always wanted to be the privileged partner of a resolutely 'winning' textiles industry.

The textiles sector remains an important constituent of the socio-economic fabric of our region. The textiles activity is still very important today, as it has been in the past, thanks to its great openness to the world, which is expressed through its renewal, its capacity to adapt and its inventive spirit, in the midst of an increasingly competitive market.

Thus, the great textiles companies of today perfectly reflect Kortrijk's ambition to be the town of creation, innovation and design.

'Futurotextiel' is also the assembly point between the regions of Lille and Kortrijk.

These two regions have common deep roots in the textiles industry, which they have always considered as the spearhead of a modern economy.

However, there are numerous other domains in which Lille and Kortrijk work hand in hand. Thus, at the beginning of 2008 the partnership for the creation of the Lille-Kortrijk-Tournai Eurometropole was sealed.

The fact that the first edition of 'Futurotextiel' was held in Lille and the second in Kortrijk perfectly illustrates the great advances born from our cross-border co-operation.

Additionally, 'Futurotextiel' is placed at the crossroads between culture and economics, brought to light by the association between works of art and industrial products. This is realised in the image of the excellent creation by Studio Arne Quinze and his amazing scenography, which explicitly avoids to compartmentalize the participating companies.

'Futurotextiel' clearly addresses the young generations and consequently the world of education. The textiles sector represents an economic activity rich in challenges and hence firmly oriented towards the future, intended for young creative and inventive talents. That is precisely why many projects have been launched in order to improve the interaction between education and industry and to thus stimulate the desire to be entrepreneurial.

'Futurotextiel' was born thanks to the competition involving several authorities: lille3000, the founding partner, Fedustria and Designregio Kortrijk. Financial aid has been contributed by the European Union, the Flemish Government, the Province of West-Flanders and the town of Kortrijk. Not to forget the contributions of a large number of firms, whether in the form of financial support or non-financial contributions.

To conclude, I would say that 'Futurotextiel' is holding all the cards to be a cross-border event that will surprise all its visitors.

Finally, I hope you will enjoy reading this book.

Stefaan De Clerck
Mayor of Kortrijk
President of Designregio Kortrijk

Het hoeft niet te verbazen dat textiel een 'hot topic' is in een regio waarvan de geschiedenis sterk verbonden is met de textielindustrie. De spinnerijen zelf echter, de pijlers van onze economie, zijn na een pijnlijke crisis verdwenen en de beelden ervan behoren tot een ver verleden.

Vandaag nodigen wij u uit om een technologische sprong te maken in de wereld van het technische en innoverende textiel. Op het eerste gezicht lijkt dit misschien toekomstmuziek, maar in werkelijkheid vinden we deze textielvormen overal in ons dagelijkse leven terug: van kledij en meubels, verpakkingen en bouwmaterialen, tot de industrie, de landbouw, het transport, de cosmetica of de medische sector. Ze bevorderen onze levenskwaliteit, zorgen voor een betere bescherming en werken onze goede gezondheid in de hand.

Technisch textiel vormt meer dan ooit een belangrijke uitdaging voor onze streek. België is nog steeds een van de belangrijkste productiezones van Europa; Frankrijk is – na Duitsland – het tweede textielproducerende land van Europa, met le Nord-Pas de Calais als een van de voornaamste industrieregio's in Frankrijk. De textielindustrie is en blijft de parel van onze economie; ze telt meer dan duizend ondernemingen, creëert tienduizenden jobs en genereert zeer hoge inkomsten.

Een van de belangrijkste motoren van innovatie in de sector is het beschikbare onderzoekspotentieel. Wij zijn dan ook blij te kunnen rekenen op de voortreffelijke ondersteuning van gerenommeerde scholen aan beide kanten van de landsgrens.

Innovatie is ook de doelstelling van UP-tex, een van de vijf onderzoekscentra voor het concurrentievermogen van nieuwe textielvormen. Bovendien zal dit potentieel binnenkort nog toenemen door de oprichting van het Centre Européen des Textiles Innovants, in de Zone de l'Union tussen Roubaix en Tourcoing. Dit centrum wordt een van de eerste Europese instanties op het vlak van onderzoek naar innovatie in de textielindustrie.

'Futurotextiel 08' is de gelegenheid bij uitstek om aan het grote publiek te laten zien dat de textielsector aan een heropleving begonnen is. Ook de economische reconversie van onze regio mag belicht worden, dit alles in een hoofdzakelijk Europees kader. Het is ons antwoord op de mondialisering, zonder daarbij onze geschiedenis te verloochenen.

Het wetenschappelijke, maar tegelijkertijd ook pedagogische karakter van deze tentoonstelling biedt een platform voor hedendaagse kunstenaars, die hiermee hun voorliefde voor deze nieuwe vormen van textiel tot uiting kunnen brengen.

Na afloop wordt deze tentoonstelling omgevormd tot de 'TextiModule', een rondtrekkende tentoonstelling, die wereldwijd een selectie van knowhow en werken van 'Futurotextiel 08' zal exposeren en over onze grenzen heen zal verspreiden, dit alles met de steun van Culturesfrance.

Ik wil graag iedereen bedanken voor zijn/haar enthousiaste bijdrage aan 'Futurotextiel 08': Designregio Kortrijk en lille3000, de Stad Kortrijk, Fedustria en CLUBTEX.

Ik wens dit nieuwe grensoverschrijdende initiatief, waarbij we onze gemeenschappelijke waarden en ambities hoog in het vaandel dragen, alle succes toe!

Martine Aubry
Voorzitter lille3000
Burgemeester van Lille
Voorzitter Lille Metropole Communauté Urbaine

Il n'est bien sûr pas surprenant de parler du textile dans un territoire dont l'histoire est intimement liée à l'industrie textile. Mais loin de nous aujourd'hui ces images de filatures, piliers de notre économie, et anéanties par une crise si douloureuse.

Aujourd'hui, c'est à un saut technologique que nous vous convions afin d'explorer l'univers des textiles dits techniques et innovants.

On pourrait penser à un voyage dans le futur et pourtant ces textiles sont déjà dans notre vie quotidienne, dans l'industrie, l'habillement, l'ameublement, l'agriculture, l'emballage, le transport, la construction, les cosmétiques ou le secteur médical. Ici ils favorisent notre mieux-vivre, là notre protection, là notre santé.

Les textiles techniques représentent plus que jamais un enjeu majeur pour notre territoire.

Faut-il le rappeler, la Belgique est l'une des principales zones de production en Europe tandis que le Nord-Pas de Calais est l'une des deux régions leaders en France, elle même le second pays producteur de textiles techniques après l'Allemagne.

Et aujourd'hui, le textile demeure un fleuron de notre économie avec plus d'un millier d'entreprises, des dizaines de milliers d'emplois et des revenus très importants.

L'un des principaux moteurs de l'innovation étant le potentiel de recherche disponible, nous ne pouvons que nous réjouir de ces outils d'excellence que sont nos nombreuses écoles de renom de part et d'autre de la frontière.

L'innovation, c'est également tout l'enjeu d'UP-tex, l'un de nos cinq pôles de compétitivité dédiés aux textiles de demain. Et ce potentiel sera encore multiplié avec l'installation future du Centre Européen des Textiles Innovants sur la zone de l'Union, située non loin de Courtrai entre Roubaix et Tourcoing, qui sera l'un des premiers centres de recherche européens sur les textiles innovants.

Futurotextiel08 est donc l'occasion de montrer au grand public ce formidable renouveau de la filière textile et de mettre en avant la propre reconversion de notre territoire et ceci dans un cadre essentiellement européen. Elle est un symbole de ce que nous pouvons apporter comme réponse à la mondialisation, tout en restant fidèle à notre histoire.

A la fois scientifique et pédagogique, cette exposition fait bien sûr la part belle aux artistes contemporains qui ont fait de ces nouveaux textiles un matériau de prédilection.

Enfin, de cette exposition naîtra le Textimodule, structure itinérante qui permettra de montrer une sélection de savoir-faire et d'œuvres à travers l'Europe et dans le monde entier avec le soutien de Culturesfrance.

Que celles et ceux qui ont contribué à Futurotextiel08, notamment Designregio Kortrijk et lille3000, la Ville de Courtrai, Fedustria et CLUBTEX, soient remerciés très chaleureusement pour leur engagement et leur enthousiasme.

Je souhaite plein de succès à cette nouvelle initiative transfrontalière à travers laquelle nous portons haut nos valeurs et nos ambitions communes.

Martine Aubry
Présidente de lille3000
Maire de Lille
Présidente de Lille Métropole Communauté Urbaine

It's hardly surprising to speak about textiles in a territory where history is intimately linked with the textiles industry. Although distanced from us today and wiped out by a painful crisis, these images of mills are the pillars of our economy.

Today, we invite you to take a technological leap, in order to explore the so-called technological and innovative universe of textiles.

One could think of a journey through the future; yet these textiles are already present in our daily lives, in industry, clothing, furnishing, agriculture, packaging, transport, construction, cosmetics and the health sector. Here and there, they contribute to improving our standard of living, our protection and our health.

More than ever, technical textiles represent a major issue for our territory.

One should remember that Belgium is one of the main production zones in Europe. While the Nord-Pas de Calais is one of the two leading regions in France, Belgium is the second largest textiles producer, after Germany.

Nowadays, the textiles industry is still a flagship of our economy with more than a thousand firms, dozens of thousands of employees and highly significant revenue.

One of the main drivers of innovation being the available research potential, we can but delight in these tools of excellence that constitute numerous renowned schools, on both sides of the border.

Innovation is equally the whole issue of UP-tex, one of our five poles of competitiveness, dedicated to the textiles of tomorrow. This potential will be further multiplied with the future establishment of the Centre Européen des Textiles Innovants, in the European Union, situated near Kortrijk between Roubaix and Tourcoing, and that will be one of the first European centres of research on innovative textiles.

Hence 'Futurotextiel 08' is the occasion to demonstrate to the public at large this fantastic revival of the textiles industry and to emphasise the very restructuring of our territory, taking place within an essentially European framework. It's a symbol of what we can offer in response to globalisation, while remaining loyal to our history.

Both scientific and pedagogic, this exhibition places the contemporary artists in the spotlight, who have made of these new textiles a material of choice.

Finally, from this exhibition, the Textimodule is born, an itinerant structure that facilitates displaying a selection of know-how and works throughout Europe and the entire world, with the support of Culturesfrance.

May the men and women who have contributed to 'Futurotextiel 08', notably Designregio Kortrijk and lille3000, the town of Kortrijk, Fedustria and CLUBTEX be very warmly thanked for their commitment and enthusiasm.

Good luck to this new cross-border initiative, through which we hold high our common values and ambitions.

Martine Aubry
President of lille3000
Mayor of Lille
President of Lille Métropole Communauté Urbaine

INLEIDING

'Futurotextiel 08' toont hoe wetenschap, technologie en kunst, in een symbiose met de textielindustrie, hun inspiratie vinden in de gekste dromen en een voedingsbodem vormen voor onze toekomstverwachtingen.

Deze catalogus is een beknopte samenvatting van de tentoonstelling 'Futurotextiel 08', die plaats vindt van 9 oktober tot 7 december 2008. De tentoonstelling, georganiseerd door lille3000 en de Stad Kortrijk, nodigt u uit kennis te maken met de concrete toekomstvisies van de textielsector en tevens te ervaren hoe dit de manier beïnvloedt waarop wij met de wereld, de omgeving en onszelf omgaan. Deze tentoonstelling is de opvolger van 'Futurotextiles', die in 2006 plaatsvond in de Tri Postal te Lille.De tentoonstelling wijst ons op het belang van het grotendeels Europese textielonderzoek op het vlak van toepassingen en innoverende, vaak verrassende, concepten.

Tijdens deze ontdekkingstocht kan de lezer/ bezoeker kennismaken met de ongelooflijke diversiteit van de textielwereld, gaande van vezel tot weefsel, composietmateriaal en niet-geweven textiel. Sommige vezels hebben een niet-alledaagse oorsprong: zo bestaan er vezels, stoffen of draad op basis van krabpantser, basaltsteen of biet. We herontdekken het linnen met z'n anti-allergene, antibacteriologische en duurzame eigenschappen... Nieuwe vezels lijken regelrecht uit de sciencefiction-wereld te komen. Ze zijn interactief en intelligent en ondergaan diverse technieken van coating, het appreteren en micro-inkapseling. In cosmetische en therapeutische toepassingen wijzigen bio-sensoriële weefsels de fysieke conditie in functie van de omgevingsomstandigheden en worden zo antibacteriologisch, warmteregelend, absorberend of therapeutisch.

Op onze reis door de textielwereld ontdekken we drie belangrijke thema's:

DUURZAME ONTWIKKELING

Het is de alomtegenwoordige bekommernis van de industrie om textiel te produceren dat niet alleen biologisch afbreekbaar maar ook recycleerbaar en niet vervuilend is. De innovatiepolitiek ziet zich verplicht rekening te houden met het milieu: er is een mooie toekomst weggelegd voor weefsels die kunnen filteren, absorberen en vervuiling opvangen. Zo is niet-geweven textiel steeds beter aangepast om bijvoorbeeld olievlekken op zee te absorberen. Op middellange termijn zullen technische weefsels, die natuurlijke vezels zoals hennep en linnen integreren, deel uitmaken van een veelbelovende economische sector.

LINNEN

Linnen wordt steeds vaker in nieuwe samenstellingen gebruikt of met andere vernieuwende vezels vermengd. Linnen is ongetwijfeld het oudste textielweefsel ter wereld en wordt vooral gewaardeerd omwille van zijn grote duurzaamheid en stevigheid. Europa, en in het bijzonder Frankrijk (Normandië) en België (de streek van Kortrijk), is de belangrijkste linnenproducent ter wereld. Vandaag de dag worden de kwaliteiten van het linnen opnieuw ontdekt door labo's voor onderzoek en ontwikkeling, die het gebruiken in naaldvilt en composieten, te vinden in ski's, snowboards of fietsen.

Uit ecologische onderzoeksresultaten blijkt dat linnen 50 maal milieuvriendelijker is dan andere vezels. Daaraan is misschien deze herontdekking van vandaag te danken.

BIO-IMITATIE

Het onderzoek baseert zich op een eenvoudige vaststelling: al meer dan vier miljard jaar ontwikkelen levende organismen op een natuurlijke wijze efficiënte en duurzame oplossingen om te overleven. Een aantal recente ontdekkingen zijn hierop geïnspireerd: het vochtwerende effect van de lotusbloem, terug te vinden in de behandeling van sommige meubelstoffen, zorgt ervoor dat vloeistoffen over het weefsel 'glijden' in plaats van erin te dringen. De zelfklevende plaatjes onderaan de poten van de boomhagedissen (gekko's) laten hen toe op de gladste oppervlaktes te klimmen. Dezelfde techniek vindt men terug bij sommige niet-geweven textielvormen, die toelaten iets zonder problemen opnieuw vast te kleven.

'Futurotextiel 08' heeft als doel deze uiterst uiteenlopende en dikwijls spectaculaire toepassingen in de verschillende textieldomeinen bij een breed publiek aan de man te brengen:

BESCHERMING (PROTEX) tegen warmte, vuur, kou, extreme weersomstandigheden, chemische of mechanische aanvallen: de textielindustrie zoekt nieuwe oplossingen, zowel voor burgerlijke als voor militaire doeleinden.

KLEDIJ (CLOTHTEX) is de bekendste sector; de innovatie situeert zich vooral op het gebied van mode, bescherming en sport. Men vindt er in grote mate interactieve textielsoorten, of 'smart textiles', die inspelen op de relatie met onze medemens en onze omgeving.

SMARTEX
Terwijl de communicatietechnologieën de klemtoon leggen op onze zintuiglijke functies, wordt het 'intelligente', 'communicatieve' of 'interactieve' kledingstuk een soort tweede technische huid, een middel om onze gevoeligheid te verhogen. De 'textielrevolutie' die wij doormaken wijzigt grondig de manier waarop de mens vitale informatie met zijn omgeving uitwisselt. De inzet van deze weefsels blijkt te beantwoorden aan het verlangen naar een beter leven.

SPORT (SPORTEX) textiel speelt ook hier een cruciale rol, in de vorm van isolatie die warmteregelend is en tezelfdertijd ook de huid laat ademen.
Aangepast textiel bij zwemmers bijvoorbeeld kan het zwemspoor en het zuurstofverbruik met 5% verminderen. Composietmateriaal dient verder ook als geraamte voor schaatsen, fietsen, ski's...

GEZONDHEID (MEDTEX) de weefseltechnologie probeert bijvoorbeeld de mogelijkheden te vergroten om organen opnieuw te vormen of de plaats in te nemen van de huid of de kraakbeenderen. Het intelligente textiel van morgen zal onze hartslag, onze lichaamstemperatuur en ons insulinegehalte in het oog houden en zowel de gebruiker als de dokter waarschuwen in geval van gevaar.

TRANSPORT (MOBILTEX) textiel verkent ongekende ruimtes buiten de stratosfeer, o.a. gebruikt bij de lancering van de Ariane 5 raket of in de neus van de HST.

LEEFRUIMTE (HOMETEX)

weefsels voor binnen en buiten combineren resistentie en lichtheid. Meestal wordt daarvoor composietmateriaal gebruikt. Dankzij ingeweven receptoren van het weefsel kunnen ze zich omvormen tot een muziekzeil. Met een lichte druk van de vingers kan men een eigen muziekstuk componeren. In de domotica wordt ook gebruik gemaakt van lichtgevende weefsels, waar onlangs LEDs en optische vezels hun intrede deden op de markt.

BOUWKUNDE EN ARCHITECTUUR (BUILDTEX)

in deze domeinen is de laatste jaren heel wat vooruitgang geboekt. Het gaat hier vooral om weefsels in de vorm van membranen of composieten bij monumentale gebouwen, stadiums en havens.

Sommige weefsels zijn opblaasbaar en/of aanpasbaar aan extreme klimaatomstandigheden en worden daarom gebruikt voor tijdelijke nomaden- of noodwoningen... een combinatie van soepelheid, weerbaarheid en schoonheid.

GEOTEXTIEL (GEOTEX)

deze synthetische, afbreekbare en ecologische weefsels zijn o.a. aanwezig in de bekleding van wegen. Ze beschermen ook gewassen, vergemakkelijken de afwatering of vermenigvuldigen het aantal uren zonneschijn voor druiventrossen!

'Futurotextiel 08' is niet alleen een wetenschappelijke en technologische tentoonstelling; plastische kunstenaars, stylisten, designers en hedendaagse architecten nodigen ons op een ludieke en poëtische manier uit op een **hedendaagse artistieke reis**. Ze laten ons zien hoe zij de boeiende wereld van de wetenschap en de technologie ervaren. Ze helpen ons de uitdagingen van de 21ste eeuw beter te begrijpen, en geven ons inzicht in de maatschappelijke, ecologische en biologische gevolgen van onze evolutie.

Caroline David
Commissaris

Pierre Cardin, 1991 Courtesy Pierre Cardin

INTRODUCTION

Futurotextiel08, ou comment la science, la technologie et l'art associés au textile s'inspirent des rêves les plus fous et inventent aujourd'hui nos espoirs de demain.

Ce catalogue est une présentation condensée de l'exposition co-organisée par lille3000 et la Ville de Courtrai du 9 octobre au 7 décembre 2008 et qui montre les visions concrètes des textiles de demain qui modifient notre rapport au monde, à notre environnement et à nous-mêmes. Cette exposition fait suite à l'exposition 'Futurotextiles' qui avait eu lieu en 2006 au Tri Postal à Lille.

Plus qu'une exposition, c'est une réelle prise de conscience de l'importance des recherches essentiellement européennes développées dans le milieu du textile autour d'applications et de créations innovantes et surprenantes.

C'est une **découverte du monde du textile** pour le lecteur et le visiteur qui s'approprient son incroyable diversité, de la fibre au tissage et à la maille en passant par les composites et les non-tissés.

Les origines des fibres sont parfois étranges. Une carapace de crabe, un caillou de basalte, une betterave donnent naissance à une fibre, à un fil, à un tissu.

Les nouvelles fibres semblent venues tout droit de la science-fiction. Interactives, intelligentes, elles subissent des techniques diverses d'enduction, d'apprêt, de micro-encapsulation... Cosmétiques ou thérapeutiques, les textiles 'bio-sensoriels' modifient les conditions physiques en fonction des conditions environnementales et deviennent anti-bactériens, thermorégulateurs, hydrophiles, thérapeutiques...

Dans cette découverte du monde du textile, trois thèmes font l'objet d'une attention toute particulière:

LE DÉVELOPPEMENT DURABLE

Produire des textiles, sinon biodégradables, du moins recyclables et non polluants, est une préoccupation omniprésente chez les industriels. Le respect de l'environnement est pris en compte dans la politique d'innovation. Les tissus permettant filtration, absorption, captation de polluants ont un bel avenir. Les non-tissés sont de plus en plus adaptés à l'absorption des nappes de pétrole en mer, par exemple. A moyen terme, les textiles techniques intégrant des fibres naturelles comme le chanvre et le lin constitueront aussi un secteur économique porteur.

LE LIN

On redécouvre le **lin** pour ses propriétés anti-allergiques, anti-bactériennes et imputrescibles... On l'intègre de plus en plus aux nouveaux composites ou on l'associe à d'autres fibres innovantes.

C'est sans doute le plus vieux textile du monde. Il est très apprécié pour sa grande solidité et sa rigidité. L'Europe, et plus particulièrement la France (Normandie) et la Belgique (Bassin de Courtrai) est le premier producteur de fibres de lin au monde. Ses qualités sont actuellement redécouvertes et très prisées des laboratoires R&D qui l'associent dans les non-tissés aiguilletés, les composites et l'on commence à le trouver dans les skis, snowboards ou cycles.

Selon les bilans écologiques, le lin apparaît jusqu'à 50 fois plus respectueux de l'environnement que les autres fibres. C'est peut-être ce qui lui vaut aussi aujourd'hui cette redécouverte.

LE BIOMIMÉTISME

La recherche s'appuie sur une constatation simple : depuis près de quatre milliards d'années, les organismes vivants développent naturellement des solutions efficaces et durables pour résoudre leurs problèmes de survie dans la biosphère. Certaines inspirent les découvertes les plus récentes. L'effet hydrofuge de la fleur de lotus par exemple, que l'on retrouve dans le traitement de certains textiles d'ameublement, permet aux liquides de glisser et de ne pas s'infiltrer dans les fibres. Les lamelles adhésives sous les pattes des lézards geckos arboricoles, qui leur permettent de grimper sur toutes les surfaces, y compris les plus lisses, ont inspiré des techniques de collage repositionnables dans certains non-tissés.

Il s'agit pour Futurotextiel08 de faire comprendre à un public très large les applications extrêmement diverses et souvent spectaculaires des différents domaines industriels du textile :

LA PROTECTION (PROTEX) contre la chaleur, le feu, le froid, les intempéries, les agressions chimiques ou mécaniques, l'industrie textile cherche à apporter des solutions nouvelles aussi bien dans les secteurs civils que militaires.

L'HABILLEMENT (CLOTHTEX) est le secteur le plus connu du public; les innovations artistiques et technologiques imprègnent fortement les domaines de la mode, de la protection et du sport.

SMARTEX Si les technologies de communication s'appuient sur nos fonctions sensorielles, le vêtement 'intelligent', 'communicant' ou 'interactif' devient une sorte de second épiderme technique, un moyen d'augmenter notre sensibilité.

La 'révolution textile' que nous vivons bouleverse en profondeur la manière dont l'être humain échange ses informations vitales avec son environnement. L'enjeu de ces textiles semble répondre à une volonté de vivre mieux.

LE SPORT (SPORTEX) Ici, le textile joue aussi un rôle crucial ; il devient une isolation simultanément thermique et respirante pour la peau.

Là, il permet de diminuer de 5% la traînée du nageur et sa consommation en oxygène. Il est aussi l'armature composite de skates, de cycles, de skis…

LA SANTÉ (MEDTEX) où l'ingénierie tissulaire, par exemple, essaie d'améliorer les possibilités de reformer des organes voire de se substituer à la peau ou aux cartilages.

Le textile intelligent de demain surveillera la régularité de nos battements cardiaques, de notre température, de notre taux d'insuline, avertira l'utilisateur et son médecin en cas de danger.

LES TRANSPORTS (MOBILTEX) où le textile participe à l'exploration des espaces inconnus, au-delà de la stratosphère. On le retrouve dans le lancer de la fusée Ariane 5 ou dans le nez du TGV.

L'UNIVERS DE LA MAISON (HOMETEX) où les textiles extérieurs et intérieurs associent résistance et légèreté. Ils utilisent souvent les fibres composites, ils peuvent même aller jusqu'à devenir toile musicale grâce à des tissus capteurs où il suffit de parcourir librement la toile du bout des doigts pour produire une composition personnelle.

Parfois éclairants, ils tendent aussi à une fonctionnalité domotique où Leds et fibres optiques sont apparues depuis peu.

LA CONSTRUCTION ET L'ARCHITECTURE (BUILDTEX) qui ont connu des progrès fulgurants ces dernières années utilisent de plus en plus les textiles sous forme de membranes ou de composites dans des bâtiments monumentaux, stades, ports…

Parfois gonflables et s'adaptant très bien à des conditions climatiques extrêmes, ils se développent pour les habitats éphémères nomades ou d'urgence… alliant souplesse, résistance et esthétique.

LES GÉOTEXTILES (GEOTEX) synthétiques, biodégradables ou écologiques participent aux armatures de routes, protègent les végétaux, facilitent le drainage ou multiplient l'ensoleillement des grappes de raisin !

Futurotextiel08 n'est pas uniquement scientifique et technologique, c'est aussi et surtout **un voyage artistique contemporain**, ludique et poétique, auquel nous invitent les plasticiens, stylistes, designers et architectes contemporains qui explorent le fabuleux monde des sciences et de l'industrie et nous en livrent leurs propres visions esthétiques. Ils nous mènent à une meilleure compréhension des enjeux du 21ᵉ siècle, ainsi que des conséquences sociales, environnementales et biologiques de notre évolution.

Caroline David
Commissaire

Yuima Nakazato, An Imaginary, 2007
LED Business Group Shibasaki Inc.
Hologram Supply co., Ltd. The Esperanza Institute of
Footwear Design & Technique, ©Ellie van den Brande

INTRODUCTION

'Futurotextiel 08', an association of science, technology, art and textiles, is inspired by the craziest dreams and invents today our dreams of tomorrow.

This catalogue is a condensed presentation of the exhibition co-organised by lille3000 and the town of Kortrijk being held from the 9th of October to the 7th of December 2008. It shows the concrete visions of tomorrow's textiles, which will change our relationship with the world, our environment and ourselves. The exhibition follows the 'Futurotextiles' exhibition that was held in 2006 at the Tri Postal in Lille. More than being an exhibition, it embodies the realisation of the importance of essentially European research being developed in the world of textiles concerning applications and innovative and surprising creations.

For the reader and visitor, it means the discovery of the world of textiles, as he/she appreciates its incredible diversity, from the fibre or weaving and the stitch to the composites and non-woven materials.

The origins of the fibres are sometimes strange: a crab's carapace, a basalt stone or beetroot give birth to a fibre, thread or tissue.

The new fibres seem to have emerged directly from science fiction. Interactive and intelligent, they are subjected to different techniques of coating, dressing and micro-encapsulation…

Whether cosmetic or therapeutic, the 'bio-sensorial' textiles alter their physical properties according to environmental conditions, becoming anti-bacterial, thermoregulatory, hydrophilic, therapeutic…

In this discovery of the world of textiles, three themes receive very particular attention:

SUSTAINABLE DEVELOPMENT

Producing textiles that, if not biodegradable, are at least recyclable and non-polluting, is an ever-present concern among the industrialists. Respect for the environment is taken into account within the politics of innovation. Tissues enabling filtration, absorption and capture of pollutants have a bright future. Non-woven materials are increasingly being adapted to the absorption of oil spills in the sea, for example. In the medium term, technical textiles integrating natural fibres such as hemp and flax, will also constitute an economic growth sector.

LINEN

Linen is rediscovered for its anti-allergic, anti-bacterial and rot-proof qualities… It is integrated more and more into new composites and combined with other innovative fibres.

It is undoubtedly the oldest textile in the world, highly appreciated for its great solidity and rigidity. Europe, especially France (Normandy) and Belgium (the Kortrijk basin) is the largest producer of linen in the world. Its qualities have recently been rediscovered and are highly valued in the R&D laboratories, where is it combined with non-woven tufted textiles; composite textiles now are beginning to be found in skis, snowboards and bicycles.

According to the ecological assessments, linen is up to fifty times more respectful of the environment than other fibres. Perhaps that's what has earned it this rediscovery today.

BIOMIMICRY

Research is supported by a simple observation: since about four billion years, living organisms have naturally developed effective and lasting solutions to solve their problems of survival in the biosphere. Some have inspired the most recent discoveries. For example, the water-repelling effect of the lotus flower is found in the treatment of certain furnishing textiles, allowing liquids to slide over rather than penetrate into the fibres. The repositionable adhesive technique of certain non-woven materials was inspired from the adhesive pads on arboreal geckos' feet, which enable them to climb on all kinds of surfaces, including the smoothest.

'Futurotextiel 08' must make a very wide public understand the extremely diverse and often spectacular applications of the different domains in the textiles industry:

- **PROTECTION (PROTEX)** from heat, fire, cold, bad weather and chemical and mechanical aggressions. The textiles industry seeks to provide new solutions both in the civilian and military sector.

- **CLOTHING (CLOTHTEX)** is the sector that is most familiar to the public; the artistic and technological innovations strongly impregnate the domains of fashion, protection and sport.

- **SMARTEX**
While the communications technologies are supported by our sensory functions, 'intelligent', 'communicative' or 'interactive' clothing becomes a kind of second technological skin, a way of increasing our sensitivity. The 'textiles revolution' we are experiencing, is deeply shattering the way in which human beings exchange vital information with their environment. The issue of these textiles appears to respond to a desire to live better. Here, we find essentially interactive textiles, or 'smart textiles', which alter our relationship with others and with our environment.

- **SPORT (SPORTEX)** Here, textiles also play a crucial role, providing thermal isolation, while allowing the skin to breathe. Thus, the swimmer is able to reduce drag and oxygen consumption by 5%. Textiles are also a composite material in skates, bicycles and skis…

- **HEALTH (MEDTEX)** or tissue engineering, for example, attempts to improve the possibilities of re-forming organs and indeed replacing skin or cartilage. The intelligent textile of tomorrow will monitor the our heartbeats, our temperature and our insulin level and will warn the user and his doctor in the case of danger.

- **TRANSPORT (MOBILTEX)** where textiles participate in the exploration of unknown spaces, beyond the stratosphere. They are found in the Ariane 5 rocket launcher and the nose of the TGV.

- **THE UNIVERSE OF THE HOME (HOMETEX)** where interior and exterior textiles combine resistance with lightness. They often employ composite fibres; they can even go as far as becoming musical canvas, thanks to sensor tissues, in which it suffices to move the tips of your fingers freely over the material to produce a personal composition. Sometimes providing light, they also tend to fulfil a home automation function where LEDs and optic fibres have recently appeared.

CONSTRUCTION AND ARCHITECTURE (BUILDTEX) which have experienced dazzling progress in recent years, using textiles more and more, in the form of membranes or composites in monumental buildings, stadiums and ports… They are sometimes inflatable and adapt very well to extreme climatic conditions; they are developed for ephemeral nomadic or emergency housing… combining suppleness, resistance and aesthetics.

THE GEOTEXTILES (GEOTEX) synthetic, biodegradable or ecological, they form part of road structures, protect the vegetation, facilitate the drainage or multiply the amount of sunlight received by bunches of grapes!

'Futurotextiel 08' is not only a scientific and technological event; it is also and above all a contemporary artistic journey, playful and poetic, to which we invite contemporary visual artists, stylists, designers and architects to explore the fabulous world of science and industry and to bring us their own aesthetical visions. They will lead us to a better understanding of the 21st century issues, as well as the social, environmental and biological consequences of our development.

Caroline David
Curator

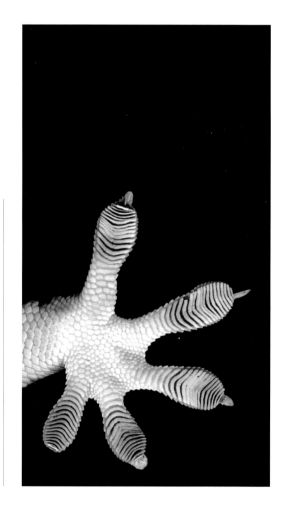

 **DEVORAH SPERBER** AFTER VAN EYCK

After Van Eyck

DEVORAH SPERBER - AFTER VAN EYCK, 2006
(EDITION 1 OF 3), 244 X 254 X 152 CM
5024 SPOOLS OF THREAD, STAINLESS STEEL BALL
CHAIN AND HANGING APPARATUS, CLEAR ACRYLIC
VIEWING SPHERE, METAL STAND, COLLECTION
FUNDACION PRIVADA SORIGUE (LLEIDA, SPAIN)
© AARON DEETZ.

De kunstenares Devorah Sperber
reconstrueert vertrouwde beelden
uit de kunstgeschiedenis. Duizenden
draadspoelen in verschillende
kleuren creëren een visueel
anamorfotisch effect.

L'artiste Devorah Sperber
reconstruit des images familières
souvent issues de l'histoire de l'art.
Utilisant plusieurs milliers de
bobines de fils de couleurs
différentes, elle joue avec
les effets visuels de l'anamorphose.

The artist Devorah Sperber
reconstructs familiar images
originating from the history of art.
Using several thousand reels
of different coloured thread,
she plays with the visual effects
of anamorphosis.

PROTEX

INDIVIDUELE BESCHERMING
WEERSTAND
MULTIFUNCTIONALITEIT

Toepassingen van individueel beschermingstextiel vindt men niet alleen in alle industriële sectoren (chemie, staalindustrie, voedingsindustrie, elektronica, enz.), maar ook in defensie, burgerbescherming, in de medische sector en in de sport- en vrijetijdssector. De lijst van risico's waartegen technisch textiel ons kan beschermen, is indrukwekkend: warmte, vuur, koude, extreme weersomstandigheden, chemische producten, giftige gassen, UV- en nucleaire straling, snijwonden en perforatie, statische elektriciteit, kortsluiting, metaalvonken, projectielen, ziekteverwekkende kiemen en nog vele andere.

Nieuwe synthetische vezels met verrassende prestatiemogelijkheden, zowel op het vlak van mechanische weerstand als van warmte- en vuurbestendigheid, maakten het mogelijk de beschermingskledij steeds meer op punt te stellen. Tegelijkertijd werd er enorm veel tijd besteed aan het mengselprocédé van vezels en draden, zoals aramidevezel met inoxdraad voor beschermende handschoenen of polyester met carbonvezels en -draad voor antistatisch gebruik. Daarnaast was er ook ruime aandacht voor de verschillende textieltexturen (dubbelwandige stoffen, 3D textiel…), voor de assemblage van textiellagen met specifieke, totaal verschillende, maar toch complementaire eigenschappen, voor het appreteren (onbrandbare bestanddelen), en ten slotte ook – op het gebied van de design – voor het prestatievermogen van een kledingstuk. Al deze elementen liggen aan de basis van de multifunctionele beschermkledij, die ons tegen allerlei risico's beschermt.

Deze 'multifunctionaliteit' kwam tot stand dankzij de spectaculaire vooruitgang die de laatste jaren geboekt werd op het vlak van bescherm- en multiplexlagen. Textiel dat behandeld is met een soepele, onderhouds- en gebruiksvriendelijke coating wordt o.a. gebruikt voor waterdichte kledij of kledij die bestand is tegen chemische producten, olie en gas… Camouflagekledij bijvoorbeeld krijgt een bontgekleurde coating, waardoor men probleemloos in het landschap opgaat en de infrarode uitstralingen van een opsporingsbril kan beperken. Microporeuze coating maakt de weefsels waterdicht, maar laat wel waterdamp door en bevordert zo de eliminatie van transpiratie: dit 'waterdichte-ademende' textiel vindt men tegenwoordig in bijna alle beschermingskledij, behalve in de pakken die een totale bescherming moeten bieden tegen chemische stoffen of gas. Het grote publiek kent dit principe voornamelijk van de Goretex® kledij.

Het multiplex procédé bestaat erin twee of meer textiellagen samen te voegen, of een textiellaag te combineren met een synthetische laag, waarbij toch een grote soepelheid behouden blijft. Beschermingskledij tegen warmte en vuur bijvoorbeeld kan uit één enkele samengestelde laag bestaan, een drievoudig gewalste laag van buitenweefsel dat bestand is tegen schuren, scheuren en vlammen, of uit een 'thermische' binnenlaag van molton of niet-geweven dik textiel om de warmte-uitstraling te beperken en uit een beschermingslaag van 'waterdicht-ademend' weefsel dat tussen beide lagen zit.

Beschermkledij zal steeds 'intelligenter' worden; het zal, in interactie met de omgeving, van structuur kunnen veranderen en zich kunnen aanpassen aan nieuwe externe omstandigheden. Het volume van thixotropische materialen bijvoorbeeld neemt toe naarmate het materiaal uitgerekt wordt; vezels met een vormgeheugen zijn in staat in bepaalde noodsituaties een vooraf bepaalde vorm aan te nemen. Daarnaast bestaan er ook beschermingslagen die kunnen opzwellen en bij warmte in volume toenemen. Dit principe vindt men o.a. terug in de *Hydro Jacket* kledij, te bezichtigen tijdens deze tentoonstelling.

Jean-François Dhennin

PROTECTION INDIVIDUELLE RÉSISTANCE MULTIFONCTIONNALITÉ

Les secteurs d'application des textiles de protection individuelle concernent toutes les branches industrielles (chimie, métallurgie, agroalimentaire, électronique, etc.), la défense et la protection civile, le domaine médical, les sports et les loisirs. La liste des risques contre lesquels les textiles techniques permettent de se prémunir est impressionnante : chaleur, flammes, froid, intempéries, produits chimiques, gaz toxiques, radiations UV et nucléaires, coupure et perforation, électricité statique, arc électrique, projections de métal en fusion, projectiles, germes pathogènes et bien d'autres encore.

C'est bien sûr l'apparition sur le marché de nouvelles fibres synthétiques aux performances étonnantes, tant sur le plan de leur résistance mécanique que de leur tenue à la chaleur et à la flamme, qui a permis la mise au point de ces vêtements de protection. Parallèlement, un énorme travail au niveau des mélanges de fibres et de filaments (fibre aramide et filaments d'acier inox pour les gants anti-coupure, polyester et fibres/fils de carbone pour l'antistatique…), des contextures textiles (les tissus double-paroi, les textiles 3D…), des assemblages de couches textiles aux propriétés spécifiques totalement différentes mais complémentaires, des apprêts de finition (les agents ignifugeants), et enfin au niveau du design, une composante importante de la performance globale d'un vêtement, ouvrait la voie aux vêtements de protection permettant de se protéger contre des risques multiples (feu et intempéries par exemple), ce sont les vêtements ou les gants de protection dits 'multifonctionnels'.

Cette 'multifonctionnalité' a été rendue possible par les avancées majeures de ces dernières années dans le domaine de l'enduction et du contrecollage. Appliquées sur les textiles, des enductions plus souples et plus solides à l'usage et à l'entretien ont permis la mise au point de vêtements avec des propriétés telles que l'imperméabilité à l'eau, aux produits chimiques, aux huiles et aux gaz… Ainsi les tenues de camouflage reçoivent une impression/enduction bariolée capable de se fondre dans un type de paysage donné et de limiter la réémission des rayons infrarouges des lunettes de détection. Les enductions microporeuses rendent les tissus imperméables

1

2

24

à l'eau mais perméables à la vapeur d'eau afin de permettre l'élimination de la transpiration : ce sont les textiles 'imper-respirants' que l'on retrouve désormais dans la quasi-totalité des vêtements de protection à moins qu'une totale imperméabilité soit requise comme dans les scaphandres enduits pour la protection chimique et contre les gaz. Le grand public connaît bien ce principe qui est illustré dans les tenues du type Goretex®.

Le contrecollage permet d'assembler deux ou plusieurs textiles, ou un textile et un film synthétique, et de conserver une grande souplesse au 'complexe' ainsi formé. Ainsi un vêtement de protection contre la chaleur et les flammes peut-il être constitué d'une seule couche complexe, un tri-laminé constitué d'un tissu extérieur résistant à l'abrasion, à la déchirure, aux flammes, d'une couche interne dite 'thermique' faite d'un molleton ou d'un nontissé épais pour limiter la propagation de la chaleur vers le corps et d'une couche 'barrière' constituée d'un film imper-respirant pris en sandwich entre les deux par contrecollage.

Enfin, les vêtements de protection vont devenir de plus en plus 'intelligents', c'est-à-dire qu'ils vont pouvoir réagir avec leur milieu et modifier d'eux-mêmes leur structure pour s'adapter au mieux à de nouvelles conditions extérieures. Les matériaux thixotropiques augmentent de volume lorsqu'ils sont étirés, les fibres à mémoire de forme retrouvent une conformation prédéfinie sous certaines contraintes, certaines enductions intumescentes réagissent à la chaleur et augmentent de volume pour former une barrière contre celle-ci, un principe mis en œuvre dans la tenue *Hydro Jacket* visible sur cette exposition.

Jean-François Dhennin

3

1 Proetex Prototype, Firefightersuniform and inner garment, smartex, 2007 ©Univ Ghent(B) and Cagliari(It)

2 Hydro Jacket ©Grado Zero Espace

3 ©Outlast Europe

PERSONAL PROTECTION
RESISTANCE
MULTIFUNCTIONAL

The sectors applying textiles for personal protection concern all the industrial branches (chemicals, metallurgy, food-processing, electronics, etc.), civilian defence and protection, the medical domain and sports and leisure. The list of hazards against which the technical textiles are able to protect is impressive: heat, flames, cold, bad weather conditions, chemical substances, toxic gases, UV and nuclear radiation, cuts and penetration, static electricity, electric arc, flying molten metal, missiles, pathogenic germs and many others.

Of course, it is the appearance of new synthetic fibres on the market, with surprising performances, both in terms of their mechanical resistance and their performance when subjected to heat and flames, which has enabled the development of these items of protective clothing. In parallel, an enormous amount of work has been conducted in terms of: the combinations of fibres and threads (aramid fibres and stainless steel filaments for anti-cut gloves, polyester and carbon fibres for anti-static…); the structure of the textiles (double-lined tissues, 3D textiles…); the assembly of textile layers, each with totally different but complementary properties, finishing effects (fire-retardant agents); and finally, in terms of design, an important constituent in the global performance of a piece of clothing. All of this paves the way for protective clothing facilitating protection against multiple risks (fire and bad weather, for example); these are the so-called 'multifunctional' protective clothing or gloves.

This 'multi-functionality' has been made possible by the major advances of recent years in the areas of coating and bonding. Applied to the textile, suppler coatings that are hardier to use and maintain have enabled the development of clothing with properties such as impermeability to water, chemicals, oils and gas… Similarly, camouflage clothing with a multi-coloured printing/coating is capable of blending into a given type of landscape and limiting the reflection of intra-red rays visible to detection glasses. The micro-porous coatings render the tissues impermeable to water, but permeable to water vapour, in order to facilitate the elimination of transpiration: these are waterproof/breathable fabrics, which are found in almost all protective clothing, unless total impermeability is required, like in special suits coated to provide protection from chemicals and gas. The general public are familiar with this principle in Goretex® garments.

Bonding enables two or more fabrics or a fabric and a synthetic film to be assembled together, while the resulting 'complex' retains great flexibility. Thus protective clothing against heat and flames can consist in a single complex layer, a triple laminated fabric comprising an outer layer resistant to abrasion, ripping and flames, an internal so-called 'thermal' layer made from cotton fleece or thick non-woven material to reduce the propagation of heat to the body, and a 'barrier' layer, consisting in a breathable-waterproof film, sandwiched between the two by bonding.

Finally, protective clothing is going to become more and more 'intelligent', that is, it will be able to react according to the surroundings and alter its structure itself, to best adapt to the new external conditions. Thixotropic materials increase in volume when they are stretched; the fibres with shape memory resume a predefined structure under certain constraints; some intumescent coatings react to heat by increasing their volume to form a barrier against it, a principle implemented in the *Hydro Jacket* garment on display in this exhibition.

Jean-François Dhennin

CNES

Spacesuit

De buitenkant van dit ruimtepak bestaat uit veertien lagen van materiaal gemaakt uit Betacloth, een weefsel dat gemaakt is uit glasvezel bedekt met teflon. Behalve een thermische bescherming die gaat van +120 °C tot -100 °C, is dit kledingstuk ook deels bestand tegen de impact van eventuele micrometeorieten.

L'enveloppe extérieure de ce scaphandre possède quatorze couches de matériaux fabriqués à base de Betacloth, un tissu en fibre de verre recouvert de Teflon. Outre une protection thermique allant de +120 °C à -100 °C, ce vêtement protège partiellement des impacts éventuels de micrométéorites.

This spacesuit with an outer envelop comprising fourteen layers of material is manufactured from Betacloth, a fibreglass tissue covered with Teflon. Besides thermal protection ranging from +120° to -100 °, the suit also provides partial protection against possible micrometeorite impacts.

IMAGINARY SPACESUIT, CENTRE SPATIAL DE TOULOUSE, CNES, 2007
©CNES/GUINDRE BENJAMIN

MICHEL FOURNIER

Extreme parachutist suit

Michel Fournier bereidt een sprong voor van op
een afstand van 40 km boven het aardoppervlak.
Hij heeft een pak samengesteld dat bestaat uit
drie lagen: een natuurlijke wol om transpiratie
te absorberen, een stratosferisch samengeperste
uitrusting en een bovenlaag die gedurende tien
minuten weerstaat aan -100 °C.

Michel Fournier prépare un saut incroyable
à une distance de 40 km de la surface de la terre.
Il a mis au point une combinaison composée de
trois couches : une laine naturelle pour absorber
la transpiration, un équipement stratosphérique
pressurisé et une surcombinaison pour résister
à -100 °C pendant dix minutes.

Michel Fournier is preparing a jump from a distance
of 40 km from the earth's surface. He created a suit
with three layers: a layer of natural wool to absorb
transpiration, pressurised stratospheric equipment,
and an outer layer, which protects to -100°C
for 10 minutes.

EXTREME PARACHUTIST SUIT, 2008, DEVELOPED BY FRANCITAL,
LA SOCIÉTÉ LAINIÈRE DE PICARDIE, PEG ©PHILIPPE POULET

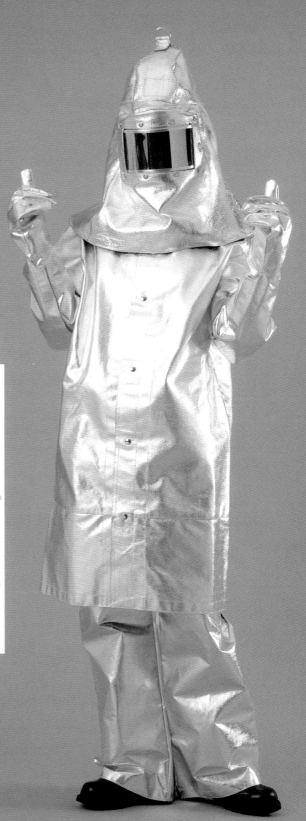

DELTEC

Aluminised highly protective suit

Deze uitrusting is ontworpen om weerstand te bieden aan vuur, metaalvonken en uiterst hoge temperaturen. Gemaakt uit geweven aramide- en Preoxvezels® samen met een aluminium deklaag dient deze uitrusting voor gebruik in gieterijen, maar ook voor vulkanologische expedities.

Cette combinaison est conçue pour résister au feu, au métal en fusion et aux températures extrêmes. En textile tissé à partir de fibres d'aramide et de Preox® associés à un revêtement d'aluminium, la tenue sert notamment dans les fonderies ou lors d'expéditions vulcanologiques.

This suit is conceived to resist fire, molten metal and extreme temperatures. Made from textile woven from aramid fibre and Preox® combined with aluminium coating, the suit is used in foundries and also during volcanic expeditions.

ALUMINISED HIGHLY PROTECTIVE SUIT, 2006,
DEVELOPED BY DELTEC ©JEAN-PIERRE DUPLAN LIGHT MOTIV

D3o™

Undergarment for extreme sport

De D3o™-technologie heeft de verbazingwekkende capaciteit schokken te absorberen. Dankzij mysterieuze bestanddelen wordt de D3o™, die schouders en ellebogen bedekt en in normale omstandigheden soepel en buigzaam is, hard bij het vallen. In 2006 werd deze technologie toegepast tijdens de Olympische winterspelen in Turijn.

La technologie D3o™ possède l'étonnante propriété d'absorber les chocs. Matière souple et flexible en conditions normales, le D3o™ placé sur les épaules et les coudes se durcit en cas de chute, grâce à des composants mystérieux. Cette technologie a été adoptée en 2006 pour les Jeux Olympiques d'hiver de Turin.

The D3o™ technology has the amazing ability to absorb shocks. Supple and flexible under normal conditions, when placed on the shoulders and elbows, the D3o™ hardens in the event of a fall, thus protecting its wearer from the effects of the fall. This technology was adopted in 2006 for the Turin Winter Olympic Games.

UNDERGARMENT FOR EXTREME SPORT, DEVELOPED BY D3OTM
QUIKSILVER WINTER COLLECTION, 2009 ©QUIKSILVER

WARMX

Outdoor undergarments

WarmX is een collectie opwarmbare outdoorkledij,
die ontwikkeld werd vanuit het in kaart brengen van
het menselijk lichaam. De kledij wordt aangestuurd
door een microregulator. Het textiel is samengesteld
uit zilverdraden met geleidende en antibacteriële
eigenschappen.

WarmX est une collection de sous-vêtements
chauffants destinés à l'outdoor. Conçus à partir
d'une cartographie du corps humain, ils sont alimentés
par un micro-régulateur. Le textile est composé de
fibres d'argent aux propriétés conductrices
et antimicrobiennes.

WarmX is a collection of heatable undergarments,
developed according to the bodymapping principle.
The garment is supplied with power by a small
controller. The silvercoated yarn which is integrated
into the clothing transmits the heat and has an
antimicrobial effect.

WARMX FOR WOMEN, FLAT-KNITTED, COTTON, ELASTAN, PA,
PURE SILVER, SILVER-COATED POLYAMID YARN, 2008 ©WARMX GMBH

DIXIE DANSERCOER

Polar exploration

Op poolreizen gelden sterke restricties wat betreft
gewicht, robuustheid en flexibiliteit. Tegelijk
moet men ook rekening houden met een efficiënt
hydromanagement én esthetische overwegingen.
Een efficiënte afvoer van vocht, veroorzaakt
door transpiratie en ijskristallen, is daarbij van
levensbelang.

Les voyages d'exploration polaire imposent une
restriction du poids des vêtements, de la légèreté,
de la résistance et de la flexibilité, tout en intégrant
la présence d'un système interne de gestion des fluides.
Une importance capitale est attachée
à l'évacuation de l'humidité liée à la transpiration
et aux cristaux de glace.

Polar explorations impose strong restrictions
on weight, resistance and flexibility, taking into
account an effective hydromanagement as well as
the aesthetic demands of the garment.
The elimination of water vapour, caused by
transpiration and ice-crystals, is of vital importance.

©DIXIE DANSERCOER WWW.CIRCLE.CC

MIT

Future Warriors

In verschillende landen is onderzoek aan de
gang om een uitrusting op punt te stellen die
volledig retro-reflecterend is, waardoor de soldaat
(bijna) helemaal in de omgeving opgaat.
Het toppunt van camouflage...

Des recherches sont en cours dans plusieurs pays
afin de mettre au point une combinaison totalement
rétro-réfléchissante sur laquelle l'incrustation du
paysage environnant rend le soldat totalement
(ou presque) invisible ! Le meilleur des camouflages...

Several countries are investigating how to develop
a totally retro-reflective suit which renders the soldier
(almost) complete transparency in the environment!
The best kind of camouflage...

FUTURE WARRIORS, MIT (MASSACHUSETTS INSTITUTE OF TECHNOLOGY),
PHOTOMONTAGE, 2005 ©CARY WOLINSKY AND DAVID DERANIAN

CLOTHTEX

MODE
SCIENCE FICTION
SPECTACULAIRE MATERIALEN

De mode kijkt doorgaans alle richtingen uit. Het verleden is dikwijls bron van inspiratie. Het heden dient als context: kleren moeten nu worden verkocht, morgen is te laat. En de toekomst is vooral een gimmick, een fantasme. Geparfumeerde jasjes en lichtgevende broeken zijn niet noodzakelijk sciencefiction. Elektrische truien, die bijvoorbeeld een mp3-speler kunnen opladen, bestaan. Susumi Tachi, professor aan de Universiteit van Tokyo, ontwierp jaren geleden een retroreflectief materiaal waarmee een kledingstuk onzichtbaar kan worden gemaakt, en volle vormen als het ware weggetoverd. Mooi. Maar op de catwalks van Parijs en Milaan zijn die spectaculaire materialen vooralsnog niet of nauwelijks te zien. Omdat ze te duur zijn, of te complex. In de mode, uiteindelijk een verbazend conservatieve sector, neemt de vooruitgang kleine stapjes.

Na de Tweede Wereldoorlog kreeg de haute couture geduchte concurrentie van de prêt-à-porter. Mode werd gedemocratiseerd. Vanaf de late jaren zestig voerden ontwerpers als Pierre Cardin, André Courrèges en Paco Rabanne een stijlrevolutie. Een nieuwe mode, dat betekende voor hen nieuwe vormen, nieuwe materialen ook. Rabanne bouwde jurken in metaal en plastic. Andere ontwerpers zagen heil in papier. De Scott Paper Company, een industriële mastodont, lanceerde in 1966 de papieren jurk. Die was licht, goedkoop en erg handig: een baljurk kon in een handomdraai tot een minirok worden verknipt. Het papier werd chemisch behandeld tegen scheuren, kreuken en brandgevaar. Scott hoopte er fortuinen mee te vergaren. Maar de mode bleek niet meer dan dat: mode, een fenomeen, efemeer en van voorbijgaande aard.

De papieren jurk bleek een gimmick. Net als de metalen jurk. Maar nylon is niet meer weg te denken en een materiaal als neopreen, oorspronkelijk vooral gebruikt voor surfpakken,

is de voorbije jaren gerecupeerd door high fashion-labels, waaronder Balenciaga en Buberry Prorsum. Wat te denken van nanotechnologie die het mogelijk maakt de kracht van een spinnendraad te repliceren — vijf keer sterker dan staal — of de impermeabiliteit van een lotusblad. Is er écht een lange, succesvolle toekomst weggelegd voor kledingstukken met vormgeheugen? Voor een materiaal dat hartslag en ademhaling meet? Een hemd waarvan de mouwen langer of korter worden naargelang de temperatuur? Op termijn wellicht wel. Eerst moeten de massamerken voor de boeg: de fabrikanten van sportartikelen en vrijetijdskledij. De mode volgt dan wel. In de mode telt uiteindelijk vooral het esthetisch aspect van textiel. De textuur van een materiaal is belangrijker dan de functionele mogelijkheden ervan. Een composietmateriaal zoals de Diamond Chip van de Belgische stoffenfabrikant Scabal — een mengsel van wol en diamant — heeft geen miraculeuze karakteristieken aspecten, maar het is wel een uitstekende vondst voor de luxeindustrie, die kickt op exclusiviteit.

Mode blikt voortdurend vooruit en achteruit. De ontwerper Hussein Chalayan maakte enkele jaren geleden nogal wat ophef met zijn mechanische jurken. Die konden van op afstand worden vervormd, zodat in elke jurk eigenlijk drie verschillende jurken schuilden. Chalayan gebruikte nieuwe technologieën, maar oude vormen: de jurkjes grepen terug naar de kostuumgeschiedenis van de twintigste eeuw. Het experiment was vanuit een zakelijk perspectief geen succes: de collectie geraakte nooit voorbij het stadium van prototypes. Maar eerder dit jaar is Chalayan ingelijfd als artistiek directeur door de Duitse sportartikelenfabrikant Puma. Misschien ontketent de ontwerper daar een nieuwe revolutie.

Jesse Brouns, Journalist

LA MODE SCIENCE FICTION MATÉRIAUX SPECTACULAIRES

La mode court dans tous les sens. Le passé lui sert souvent de source d'inspiration, tandis que le présent lui sert de contexte : les vêtements doivent être d'aujourd'hui, demain il sera trop tard. Et l'avenir est avant tout un « gimmick », un phantasme éphémère. Des vestes parfumées ou des pantalons fluorescents ne sont pas forcément de la science fiction. Il existe ainsi des pulls électriques, qui peuvent par exemple recharger un lecteur mp3. Susumi Tachi, professeur de l'université de Tokyo, inventa, il y a un an, un matériau rétro-réflectif, qui permet de rendre un vêtement invisible et de faire disparaître, comme par enchantement, des formes solides. C'est bien. Or, ces matériaux spectaculaires ne sont actuellement pas encore ou peu visibles dans les défilés de mode à Paris et à Milan. Ceci parce qu'ils sont ou trop chers, ou trop complexes. Dans le secteur de la mode, qui est incroyablement conservateur, le progrès n'avance qu'à petits pas.

Après la Seconde Guerre Mondiale, la haute couture dut faire face à la concurrence redoutable du prêt-à-porter. Ce fut la démocratisation de la mode. A partir des années 60, des créateurs comme Pierre Cardin, André Courrèges et Paco Rabanne entamèrent une révolution de style. « Nouvelle mode » fut pour eux le synonyme de nouvelles formes et de nouveaux matériaux. Rabanne conçut des robes en métal et plastique. D'autres créateurs

ne jurèrent que par le papier. La Scott Paper Company, un géant industriel, lança en 1966 la robe en papier. Celle-ci était légère, bon marché et très pratique : d'un coup de ciseau, une robe de bal pouvait se transformer en mini-jupe. Le papier avait reçu un traitement chimique contre les déchirures, les froissements et les risques d'incendie. Or, tout ceci ne fut ni plus ni moins qu'un phénomène de mode, c'est-à-dire éphémère et passager.

La robe en papier fut finalement un flop. Tout comme la robe en métal. Par contre, le nylon est devenu indispensable et le néoprène, surtout utilisé initialement pour les combinaisons de surf, a été récupéré par des labels haute-couture, dont Balenciaga et Burberry Prorsum. Et que penser de la nanotechnologie, qui permet de reproduire la résistance d'un fil de toile d'araignée – cinq fois plus solide que l'acier – ou l'imperméabilité d'une feuille de lotus ? Y a-t-il vraiment un grand avenir prometteur pour des vêtements gardant la mémoire des formes ? Un matériau qui mesure les battements du cœur ainsi que la respiration ? Une chemise avec des manches qui rallongent ou raccourcissent selon la température ? A terme, sans aucun doute. C'est d'abord au tour des marques grand public, des fabricants d'articles de sport et de l'habillement de loisir. La mode suivra.

Picture from the collection one hundred eleven de Hussein Chalayan. ©Chris Moore

Tout compte fait, c'est surtout l'aspect esthétique du textile qui compte dans la mode. La texture visible d'un matériau importe plus que ses possibilités fonctionnelles.

Un matériau composite comme le Diamond Chip du fabricant belge de tissus Scabal – mélange de laine et de diamant – ne constitue pas en soi une caractéristique « miraculeuse ». En revanche, c'est une excellente trouvaille pour l'industrie de luxe, qui table sur l'exclusivité.

La mode est en perpétuel mouvement, son regard sans cesse porté vers l'avenir et vers le passé. Il y a quelques années, le créateur Hussein Chalayan fit sensation avec ses robes automatisées : on pouvait les actionner à distance, de sorte que finalement, chaque robe contenait 3 robes différentes. Chalayan se servit de nouvelles technologies, mais selon des formes anciennes : les robes faisaient référence à l'histoire du costume du 20e Siècle. Du point de vue des affaires, l'expérience fut loin d'être une réussite. La collection ne dépassa pas le stade des prototypes. Par contre, Chalayan a été récemment nommé directeur artistique chez le fabricant d'articles de sport allemand, Puma. Provoquera-t-il une nouvelle révolution ?

Jesse Brouns, Journaliste

3
Pierre Cardin, 1967

4
André Courrèges, Robe n° 121-été 2004 ©Otto Wollenweber

5
Paco Rabanne, Haute Couture, 1968, carré d'aluminium articulés, métal, cristal ©Gunnar Larsen

FASHION
SCIENCE FICTION
SPECTACULAR MATERIALS

Fashion runs in all directions. The past serves as a source of inspiration, while the present provides the context: the garments should belong to today; tomorrow it will be too late. First and foremost, the future is a 'gimmick', an ephemeral ghost. Perfumed jackets and fluorescent trousers are not necessarily science fiction. There are also electric pullovers that can recharge mp3 players, for example.

A year ago, Susumi Tachi, a professor at the University of Tokyo, invented a retro-reflective material, which renders a garment invisible and can make solid forms disappear as if by magic. That's fine. However, these spectacular materials are not yet visible, or slightly visible, on the fashion catwalks of Paris or Milan. That's because they're too expensive or too complex. In the fashion sector, which is incredibly conservative, progress occurs at a slow pace.

After the Second World War, *haute couture* had to cope with dreadful competition in ready-to-wear. This resulted in the democratisation of fashion. In the 1960s, creators such as Pierre Cardin, André Courrèges and Paco Rabanne started a revolution in style. For them, *nouvelle mode* was synonymous with new forms and new materials. Rabanne conceived metal and plastic dresses. Other creators only swore by paper. In 1966, the industrial giant the Scott Paper Company launched the paper dress. It was light, inexpensive and very practical: with a scissor cut, a ball gown could be transformed into a mini skirt. The paper had received chemical treatment to prevent tearing, creasing and fire risks. However, all this was nothing more than a fad of fashion, that is, short-lived and transient.

The paper dress was finally a flop, just like the metal dress. On the contrary, nylon has become indispensable, and neoprene, above all initially used for surf wetsuits,

has been recovered by *haute-couture* labels Balenciaga and Burberry Prorsum. What should we think about nanotechnology that enables the strength of a spider's web to be reproduced (five times stronger than steel), or the impermeability of a lotus leaf? Is there really a promising future for garments with shape memory? Or a material that measures heartbeats as well as respiration? Or a shirt with sleeves that lengthen and shorten according to the temperature? Eventually, without doubt. It initially concerns brands for the general public, manufacturers of sports items and leisure clothing. Fashion will follow.

Considering this, it is above all the aesthetical aspect of the textile that matters in fashion. The visible texture of a material provides more than its functional possibilities.

A composite material, such as the Diamond Chip from the Belgian fabric manufacturer Scabal (mixture of wool and diamond), does not constitute a 'miraculous' characteristic in itself. On the other hand, it's an excellent find for the luxury industry, which relies on exclusivity.

Fashion is in perpetual motion; its gaze is ceaselessly drawn towards both the future and the past. Several years ago, Hussein Chalayan generated a sensation with his automated dresses: they could be transformed, such that each dress contained three different dresses. Chalayan made use of new technologies, but according to ancient forms: the dresses made a reference to 20th century costume history.

From a business point of view, the venture was far from successful. The collection never went beyond the prototype stages. However, Chalayan has recently been named as artistic manager in the German sports manufacturer Puma. Will he cause a new revolution?

Jesse Brouns, Journalist

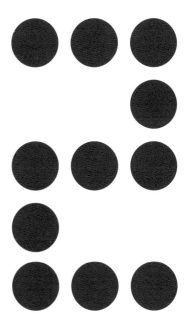

JEAN-CHARLES DE CASTELBAJAC

Le manteau Cocon

De *Manteau Cocon* werd ontworpen door Castelbajac voor de collectie 'Etat d'Urgence' en tentoongesteld in het Parijse metrostation. Deze uitrusting bestaat voornamelijk uit Mylar®, een polysterfilm met terugkaatsende en thermische eigenschappen.

Le *Manteau Cocon* de Jean-Charles de Castelbajac, constitué principalement de Mylar®, film polyester léger aux propriétés réfléchissantes et thermiques, a été présenté dans le métro parisien pour la collection 'Etat d'Urgence'.

The cocoon overcoat was created by Jean-Charles de Castelbajac for the 'Etat d'Urgence' collection, presented in the Paris metro. The outfit is mainly constituted of Mylar®, a polyester film with reflective and thermal properties.

JC DE CASTELBAJAC, MANTEAU COCON 1999, COURTESY CASTELBAJAC

ALYCE SANTORO

Sonic Fabric Dress & Apron

De kunstenares Alyce Santoro heeft *Sonic Fabric* ontwikkeld, een nieuw materiaal gemaakt van cassettetape. Deze jurk brengt muziek voort wanneer het in contact komt met de leeskopjes van een bandrecorder.

L'artiste Alyce Santoro a tissé une robe avec un nouveau matériau, *Sonic Fabric*, fait à partir de bandes enregistrées de cassettes audio. Cette robe peut produire des sons lorsque l'on promène les têtes de lecture d'un baladeur sur le tissu.

Artist Alyce Santoro created a new material called *Sonic Fabric*, woven from audiocassette tape. The dress starts making music when touched by the reading heads of a tape recorder.

ALYCE SANTORO: SONIC FABRIC DRESS & APRON, 2006, AUDIBLE TEXTILE WOVEN FROM 50% RECORDED AUDIOCASSETTE TAPE AND 50% POLYESTER THREAD, JC LAFOND MANVILLE, DESIGNTEX ©ERIK GOULD, IMAGE COURTESY OF THE MUSEUM OF ART, RHODE ISLAND SCHOOL OF DESIGN

ANITA EVENEPOEL

Princess dress

Ontwerpster Anita Evenepoel onderzoekt de fysische
eigenschappen van materialen. Ze bekomt verrassende
resultaten, vooral op het vlak van thermoplasticiteit
van niet geweven materialen, zoals bij deze theatrale
prinsessenjurk die ze creëerde tijdens een workshop.
La créatrice Anita Evenepoel s'est lancée dans
la recherche des propriétés physiques des matériaux.
Elle travaille la thermoplasticité des non-tissés
et obtient des résultats surprenants comme dans
ce costume théâtral de princesse, réalisé lors d'un
workshop.
Anita Evenepoel initially became involved in
researching the physical properties of materials.
She quickly obtained surprising results, especially in
the field of thermoplasticity of non-woven materials,
such as the spectacular princess dress depicted here,
which was created during a workshop.

DRESS KRARIN SCALABRIN-ANITA EVENEPOEL (WORKSHOP),
NON-WOVEN THERMICALLY TRANSFORMABLE, 2007 ©ROGER DYCKMANS

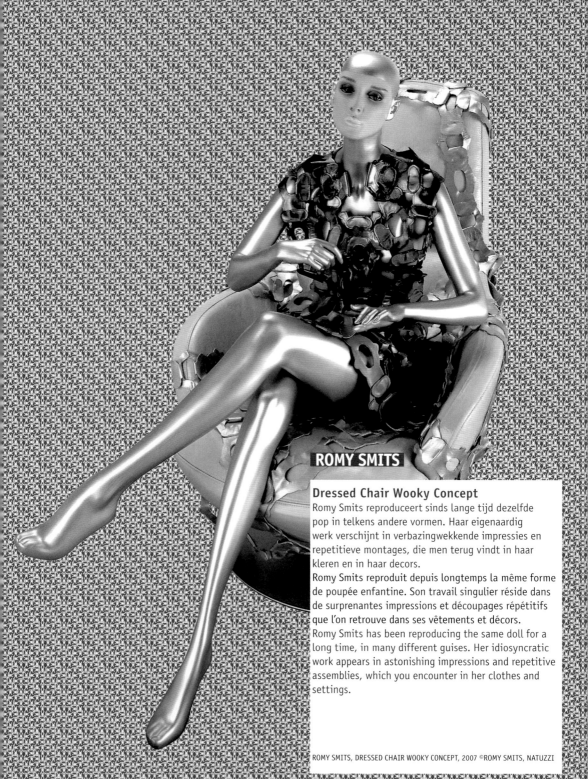

ROMY SMITS

Dressed Chair Wooky Concept

Romy Smits reproduceert sinds lange tijd dezelfde
pop in telkens andere vormen. Haar eigenaardig
werk verschijnt in verbazingwekkende impressies en
repetitieve montages, die men terug vindt in haar
kleren en in haar decors.

Romy Smits reproduit depuis longtemps la même forme
de poupée enfantine. Son travail singulier réside dans
de surprenantes impressions et découpages répétitifs
que l'on retrouve dans ses vêtements et décors.

Romy Smits has been reproducing the same doll for a
long time, in many different guises. Her idiosyncratic
work appears in astonishing impressions and repetitive
assemblies, which you encounter in her clothes and
settings.

ROMY SMITS, DRESSED CHAIR WOOKY CONCEPT, 2007 ©ROMY SMITS, NATUZZI

MANISH ARORA

A/W 07 Green Dress

Deze creatie van Manish Arora, *Star Wars*-waardig, is gemaakt van zwart zijdefluweel en lurex. Zowel de jurk als de kap zijn versierd met handgenaaide figuren in goudkleurige zijde. Op dezelfde manier werden turkooizen spiraalmotieven aangebracht over de hele creatie.

Cette création de Manish Arora, digne de *Star Wars,* est en velours de soie noire et lurex. La robe ainsi que la capuche comprennent des éléments de passementerie en soie dorée cousus à la main. Des spirales rectangulaires de couleur turquoise sont brodées comme les motifs pailletés qui recouvrent la création.

This outfit by Manish Arora, *Star Wars* like, is made of black silk velvet and lurex. The dress and the cape contain black silk hand-stitched trimmings. The same embroidered turquoise spiral sequin detail is found on the whole dress.

MANISH ARORA: A/W 07 GREEN DRESS, 2007, SILK VELVET, LUREX, TAFTA AND RAW SILK, INDIA ©IAN GILLETT

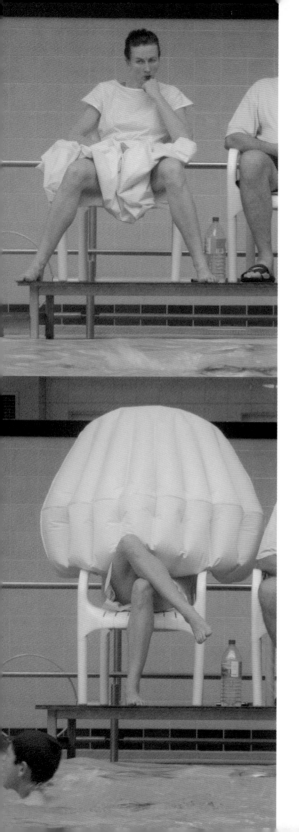

ANNAMARIACORNELIA

Life Dress®

De Life Dress® van AnnaMariaCornelia is gemaakt uit flexothaan en katoen en bestaat uit gevulde CO2 cartouches, die ook leeggemaakt kunnen worden.

La Life Dress® d'AnnaMariaCornelia est un étrange vêtement en flexothane et coton, intégrant des cartouches remplies de CO2. Elle peut être actionnée comme un gilet de sauvetage dans n'importe quelle situation... une façon de répondre pacifiquement aux agressions urbaines...

Life Dress® by AnnaMariaCornelia is a garment made from flexothane and cotton. It is comprised of cartridges filled with CO2, which can also be emptied.

ANNAMARIACORNELIA, LIFE DRESS®, 2005, 110 X 120 X 110 CM, FLEXOTHANE, CO2 FILLED CARTRIDGES AND COTTON, SIOEN BELGIUM ©ANNAMARIACORNELIA®.

TERESA ALMEIDA

Space Dress®

Space Dress® is een jurk die zich opblaast op vraag van haar draagster. Deze creatie vermijdt claustrofobie en biedt het nodige welzijn en comfort in stress-situaties. Ontworpen om te dragen tijdens de spitsuren in de New Yorkse metro.

Space Dress® est une robe qui se gonfle selon la volonté de son utilisatrice. Conçue pour les heures de pointe dans le métro new-yorkais, cette création évite la claustrophobie et apporte confort et bien-être à son utilisateur.

Space Dress® is a dress that inflates on demand. It is designed to cope with stress, moments of anxiety and claustrophobic situations – or simply for comfort. Designed for rush hour in the MTA, New York City's subway system.

TERESA ALMEIDA, SPACE DRESS®, 130X60X60, RIP-STOP, NYLON, 2 MICRO FANS, SWITCH, MISCELLANEOUS ELECTRONICS, 2005 ©KATE KUNATH COURTESY

 JAN FABRE MUR DE LA MONTÉE DES ANGES

BERLINDE DE BRUYCKERE C.REYBROUCK

CHRISTOPH BROICH JIMI'S UNDERWEAR

JAN FABRE
Mur de la montée des anges, 1993

ATTILIO MARANZANO,
METAL FRAME AND BEETLE JEWELS, 145 X 53 CM,
MUHKA COLLECTION, ANTWERP
©SABAM BELGIUM 2008

Als Jan Fabre koos voor de mestkever, dan was het niet echt om zijn volmaakte schoonheid, maar eerder voor de bijna magische en sacrale voorstelling van dit insect. De belangrijkste component ervan is chitine, waaruit een vezel wordt getrokken die wetenschappelijk erkend wordt voor haar antibacteriële en beschermende eigenschappen.

Si Jan Fabre a choisi le scarabée, ce n'est pas tant pour sa beauté sculpturale mais davantage pour la représentation presque magique et sacrée de cet insecte. La composante principale est la chitine, dont une fibre est extraite et reconnue scientifiquement pour ses propriétés antibactériennes et protectrices.

Jan Fabre has not chosen the scarab beetle for its sculptured beauty, but rather for its almost magical and sacred representation. The main component is chitin, an organic material from which a fibre has recently been extracted and scientifically acknowledged for its anti-bacterial and protective properties.

BERLINDE DE BRUYCKERE
C.Reybrouck, 1997

POLYMETHANE, BLANKETS AND ELECTRIC MOTOR,
176 X 50 X 50 CM, COLLECTION FRAC
NORD-PAS DE CALAIS, DUNKERQUE

C. Reybrouck van Berlinde De Bruyckere behandelt de problematiek van vluchtelingen en daklozen. Textiel is voor haar het ambigue materiaal bij uitstek om deze problematiek te belichten. Met kleren kan men, aldus de kunstenares, mensen beschermen maar ook verstikken of isoleren.

La création *C. Reybrouck* de Berlinde De Bruyckere souligne les problèmes des réfugiés et des sans-abri. Le textile représente pour l'artiste le matériel 'ambigu' par excellence pour mettre en lumière cette problématique. Selon l'artiste, on peut protéger les hommes avec des vêtements, mais aussi s'en servir pour les étouffer ou les isoler.

C. Reybrouck by Berlinde De Bruyckere deals with the problems of refugees and homeless people. For the artist, the textile represents the 'ambiguous' material par excellence for shedding light on the issue. According to the artist, clothes can either protect or suffocate men.

CHRISTOPH BROICH
Jimi's Underwear, 2005

MICROFIBRE (POLYESTER), SPRINTNIT (POLYESTER),
METAL (PINS AND SAFETY PINS), HANDPRINTED,
330,5 X 153 CM ©COLLECTION CHRISTOPH BROICH

Geen eigenaardiger werk dan dat van Christoph Broich, dat zich situeert tussen artistieke installatie, mode en onwaarschijnlijke kledingsstukken! Hij speelt met volumes en bedrukkingen en creëert zo een trompe-l'œil-effect.

Etrange travail que celui de Christoph Broich qui oscille entre installation artistique, mode et vêtement improbable ! Il joue avec le volume et l'imprimé afin d'accentuer l'effet trompe-l'œil...

The art works by Christoph Broich apply to both the world of arts and the world of fashion. He plays with volumes and prints, thus creating a *trompe l'oeil* effect.

SMARTEX

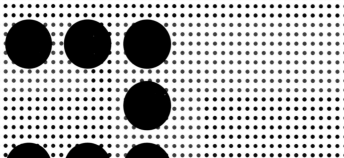

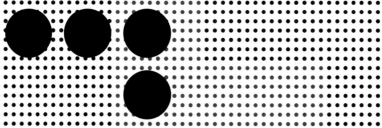

TEMPERATUURSVERANDERINGEN
MATERIALEN MET GEHEUGEN
ORGANISCHE SENSOREN

Materialen kan men 'intelligent' noemen wanneer ze zelf-standig kunnen voelen en reageren op veranderingen in hun omgeving. Dit kan op een duidelijk zichtbare manier gebeuren, bijvoorbeeld door veranderingen van kleur of vorm. Maar soms merkt het menselijke oog er niets van, omdat de verandering op een onzichtbaar, moleculair niveau plaatsvindt.

Oorspronkelijk werd dit soort materiaal ontwikkeld voor de ruimtevaart en voor militaire en medische doeleinden. In de vroege jaren 1990 echter begonnen designers deze technologie ook voor commerciële doeleinden te gebruiken. Maar het is pas sinds kort dat we deze producten ook terugvinden in winkels, op de catwalk en in tijdschriften. Waarom heeft dit zo lang geduurd?

Ten eerste worden deze materialen en weefsels, ondanks het feit dat ze 'intelligent' zijn, enkel gebruikt als geleider of drager van de intelligente technologie. Het gaat hier vooral om computersystemen toegepast op technische kledij; thermochrome inkten, waarvan de kleur verandert naargelang de temperatuur; organische sensoren die de gezondheidstoestand van de patiënt bewaken; materialen die veranderen naargelang de omgevingstemperatuur (*Phase Change Materials* of PCMs); gezondheidsbevorderende stoffen, die vitamine C kunnen vervoeren en afscheiden of die beschermen tegen ultraviolette zonnestralen; materialen met een vormgeheugen (*Shape Memory Materials*) uit metaal of polymeer, een soort plastiek dat voorgeprogrammeerd kan worden om, na contact met warmte of elektriciteit, z'n oorspronkelijke vorm terug aan te nemen. Daarnaast vinden we hier ook piëzo-elektrische draden en keramiek die mechanische druk omzetten in elektrische impulsen en vice versa; en ten slotte elektro-rheologische vloeistoffen die onder invloed van elektriciteit in een gel veranderen.

Het is vaak uitermate moeilijk om materiaal en technologie te verenigen omdat ze op een ander tempo evolueren en van nature niet altijd even goed te combineren zijn. Bovendien heeft men een krachtige energiebron nodig en moet de technologie zelf vrij robuust zijn.

Welke toekomst wacht deze materialen? Op de catwalks en tijdens tentoonstellingen als deze kunnen we er reeds een glimp van opvangen. In elk geval staat het vast dat de tijd korter wordt tussen wat we eerst als stukken van een puzzel beschouwen en erna in de grote winkelstraten te zien krijgen. Er komen meer en meer betekenisvolle ontwerpen op de markt, die een positieve invloed hebben op de gebruiker als individu en op zijn sociale omgeving. Dit is een reactie op de vergrijzing van de bevolking en een grotere algemene bewustwording dat niet alleen technologie maar ook design intelligent moet zijn. Bovendien heeft design ook een verantwoordelijke functie. Is het verantwoord om een patiënt, die kledij draagt met een organische sensor, een medische verzekering te weigeren, omdat hij een groot gezondheidsrisico loopt? Hoe passen we morele en ethische codes toe op dit soort technologieën? Zoiets is nu nog onmogelijk. Wel kan onze opinie doorslaggevend zijn voor wat al dan niet aanvaardbaar is. In de nabije toekomst zal er waarschijnlijk een opmerkelijke groei plaatsvinden op het gebied van medisch en 'lifestyle' productdesign. Misschien komen er weldra producten op de markt die een groter initiatief laten aan de gebruiker, die ze esthetisch en functioneel kan aanpassen. In een nog verdere toekomst zullen deze technologieën geïntegreerd worden in nano- en biotechnologieën en zo een nieuw gamma van oplossingen en producten doen ontstaan.

Marie O'Mahony
Onafhankelijk consulent,
Gastprofessor Chelsea School of Art and Design, Londen

CHANGEMENT DE PHASE
MÉMOIRE DE FORME
CAPTEURS SENSORIELS

Les matériaux sont dits intelligents lorsqu'ils sont capables de sentir et de réagir aux variations de leur environnement. Ce phénomène peut se produire de deux manières : soit de manière parfaitement visible, tel qu'un changement de forme ou de couleur, soit de manière quasi invisible, tel qu'un changement au niveau moléculaire. Historiquement, ces matériaux furent développés pour des applications militaires, spatiales et médicales. Ensuite, dès le début des années 1990, ces matériaux sont devenus accessibles aux designers comme solutions nouvelles pour les produits du secteur marchand. Pour autant, ce n'est que très récemment que nous avons vu apparaître ces matériaux à la fois dans les vitrines des magasins, les défilés de mode et les revues spécialisées.

Pourquoi un tel retard ? La principale raison tient au fait que, malgré leur appellation de 'matériaux intelligents', ceux ci (y compris les textiles) n'interviennent dans la plupart des cas non pas par eux-mêmes, mais comme simples conduits, ou comme simples transporteurs, d'une technologie intelligente.

Parmi ces technologies, on mentionnera les exemples suivants : les systèmes informatisés avec des applications en technique vestimentaire ; les encres thermoréactives qui changent de couleur en fonction de la température ; les capteurs organiques/sensoriels qui suivent l'état de santé d'un patient ; les matériaux à 'changement de phase' (en anglais *Phase Change Materials* ou PCM) qui changent de nature, par exemple en fonction de la température environnante ; les matériaux thérapeutiques qui contiennent et diffusent de la vitamine C ou encore qui protègent des rayons UV du soleil ; les matériaux à mémoire de forme en métal ou en plastiques polymères qui peuvent être prédéfinis pour revenir à un format mémorisé dès qu'ils se trouvent soumis à de la chaleur ou à un courant électri-

que ; les fils piézoélectriques et les composants en céramiques qui peuvent transformer des variations mécaniques en impulsions électriques ou inversement des impulsions électriques en variations mécaniques ; les fluides électrorhéologiques qui passent de l'état liquide à l'état de quasisolide (gel) dès le passage d'un courant électrique.

La difficulté de l'association de tels matériaux avec une technologie spécifique tient au fait que ceux-ci varient de manière asymétrique et ne possèdent pas nécessairement de complémentarités 'naturelles'. A cette première difficulté, on ajoutera celle d'intégrer la source d'énergie nécessaire aux applications et celle liée au niveau de résistance/fiabilité des technologies utilisées. Ce n'est que très récemment que ces difficultés ont pu être surmontées pour permettre enfin aux designers de se lancer dans de nouveaux débouchés pour ces matériaux intelligents.

Quel avenir pour ces matériaux ? Nous apercevons déjà les premiers éléments d'application sur les défilés de mode et dans les expositions telles que Futurotextiel. Ce qui est manifeste, c'est le raccourcissement du délai entre le moment où nous voyons apparaître des échantillons uniques et celui où nous en retrouvons les applications dans les vitrines des grands magasins. Nous commençons à voir sur le marché des designs de plus en plus pertinents qui apportent une contribution positive au consommateur, que ce soit directement sur lui-même ou indirectement en agissant sur son réseau relationnel. En réponse au phénomène de vieillissement de la population ainsi qu'à la prise de conscience générale de nos besoins, il ne suffit pas à la technologie d'être intelligente, il est nécessaire que son design le soit aussi. Le design se doit d'être 'responsable'. Ainsi, est-il souhaitable qu'un patient qui porte un vêtement équipé de capteurs sensoriels intégrés se voit ensuite

refuser une couverture médicale pour la simple raison qu'il représente un risque sanitaire indésirable ? Est-il possible de définir un code moral et éthique pour de telles technologies ? Comment s'y prendre? En réalité, il n'y a pas de vraie solution. Pour autant, nous pouvons exprimer notre opinion sur ce qui est acceptable et ce qui ne l'est pas. Dans un avenir assez proche, il est fort probable qu'apparaissent un grand nombre de produits médicaux et de produits de consommation intégrés dans notre mode de vie. Pour ce qui est du design des produits nouveaux, nous devrions observer l'émergence de designs qui intègrent mieux les besoins des usagers, ceci par des adaptations sur mesure tant sur l'esthétique que sur les fonctionnalités des produits. Si nous poussons plus loin la réflexion, ces

technologies seront très probablement associées ou intégrées aux nano- et biotechnologies permettant l'arrivée d'une nouvelle gamme de solutions et donc d'autant de produits correspondants. Quel que soit le niveau d'efficacité et d'intelligence de ces matériaux, nous sommes au moins sûrs d'une chose : en tant qu'êtres humains, nous devons rester au centre de leur raison d'être. En d'autres termes, tant que le design reste efficace dans son sens le plus large, l'avenir restera au service de tous.

Marie O'Mahony
Consultante indépendante spécialisée dans les matières
d'avant-garde et les technologies associées.
Professeur à l'école d'art
et de design de Chelsea, Londres.

Mariëlle Leenders, Shape Memory Textile/ Moving Textile, 2000, viscose, nickel titanium ©M. Leenders

TEMPERATURE CHANGES
MEMORISED SHAPE
ORGANIC SENSOR

Materials are said to be smart if they can sense and respond to changes in their environment. This can happen in a way that is clearly visible, changing shape or colour for instance. It can also happen in a less discernable way at a molecular level, rendering the change invisible to the human eye. These materials were initially developed for the military, space and medical industries. Since the early 1990's they have started to emerge as technologies available for designers to use in commercial products. However, it is only now that we are starting to see them appear in our shops on the catwalk and in magazines. Why has it taken so long?

The first issue is that although they are referred to as smart materials, in most instances the materials and textiles in particular simply act as the conduit or carrier of the smart technology. These technologies include computer based systems with applications in wearable technology; thermochromic inks that alter their colour in response to temperature changes; organic sensors that monitor patient's health; Phase Change Materials or PCMs that change their state depending on the surrounding temperature; Health-Giving fabrics that can carry and release Vitamin C or protect against Ultra-Violet rays from the sun;

Shape Memory Materials made of metals or polymers, a plastic-like material that can be pre-programmed to return to its 'memorised' shape when subjected to heat or electricity; piezo-electric wires and ceramics that convert mechanical stress into electrical impulses and vice versa; and electrorheological fluids that change state from a liquid to a gel when electricity is applied. The difficulty in marrying a material with a technology is that they evolve at different paces and are not always a natural fit. Coupled with this has been the power source needed to supply energy and the robustness of the technologies themselves. These issues are only now starting to be resolved and designers can finally start to look to the future potential of smart materials.

What is the future of these materials? We are already starting to see glimpses on the catwalks and exhibitions such as this one. What is evident is the time between what we are looking at as one off pieces and what we then see in the high street shops is becoming shorter. We are beginning to see more meaningful designs that bring a positive benefit to the user as an individual and to their social environment. This is in response to the growing older population and a greater general awareness that it

Sensor-carpet with electroluminiscent
knitted wall panel ©Centexbel

is not enough for technology to be intelligent; design itself has to be smart. Design also has to be responsible. Do we want the patient wearing a garment with an embedded organic sensor to be refused medical insurance because he is a poor health risk? How do we establish a moral and ethical code on technologies like this? We can't. But we can make our opinions count in what is and what is not acceptable. In the near future there is likely to be a noticeable growth in new medical and lifestyle products. In the overall design of products we should see designs that allow greater input from the user in customising their aesthetic as well as their functionality. Further ahead these technologies are likely to be allied or integrated to nano- and biotechnologies bringing a whole new range of possibilities and products. However smart or intelligent these materials may be, one thing is certain: we as humans must remain at the centre of their design outcome. As long as design itself remains smart, the future will benefit all.

Marie O'Mahony
Independent consultant specialising in advanced fabrics and technologies. Visiting Professor at Chelsea School of Art and Design, London

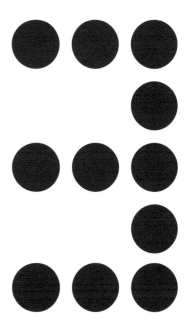

HONG KONG
POLYTECHNIC UNIVERSITY

Creation of Illuminative Smart Fashion

Deze twee prototypejurken werden ontwikkeld
door de polytechnische universiteit van Hongkong.
400 microLEDs zijn verbonden aan een ultrasonische
receptor. Wanneer de personen dicht bij elkaar komen
(ongeveer op drie meter afstand), lichten de LEDs op.

Développées par l'université polytechnique de
Hong Kong, ces deux robes prototypes intègrent
400 micro-LEDs reliées à un récepteur ultrason.
Lorsque les personnes se rapprochent (à une distance
d'environ trois mètres), les LEDs s'allument.

Both prototype dresses were developed at the
Hong Kong Polytechnic University. 400 LEDs are
connected to an ultrasonic receiver. When both
persons are approaching (at a distance of approximately
three meters), the LEDs start emitting light.

WINNER OF THE CALL FOR PROTOTYPE LAUNCHED BY THE UNIVERSITY,
GHENT AND ENSAIT, ROUBAIX, CREATION OF ILLUMINATIVE SMART FASHION,
2008, DR. JOE AU, DR. RAYMOND AU, MR. KEVIN HUI, MS. JIN LAM
©THE HONG KONG POLYTECHNIC UNIVERSITY

CUTECIRCUIT

M-Dress

Deze jurk, ontwikkeld door het agentschap CuteCircuit, laat de gebruiker toe een telefonische oproep te ontvangen door zijn hand naar zijn oor te brengen. Wanneer men de hand terug laat zakken, wordt de oproep beëindigd. Een simkaart is verborgen in de mouw en een speciale software herkent de bewegingen.

Mise au point par l'agence CuteCircuit, cette robe permet à l'usager de prendre un appel téléphonique en portant sa main à l'oreille et de raccrocher en l'abaissant grâce à une carte SIM placée dans une manche dotée d'un logiciel spécifique de reconnaissance de mouvement.

The design agency CuteCircuit designed a dress for making phone calls without phone. A SIM card in the sleeve of the dress and special gesture recognition software enable the user to receive and make phone calls; move your hand to your ear or lower it in order to start or end your call.

M-DRESS, 2007, CUTECIRCUIT ©CUTECIRCUIT.
A PROTOTYPE OF THE M-JACKET IS CURRENTLY BEING DEVELOPED
FOR THE EXHIBITION FUTUROTEXTIEL08 WITH THE SUPPORT OF SFR,
AS PART OF THE RESEARCH PROGRAM OF SFR ART AND TECHNOLOGY.

SPORTEX

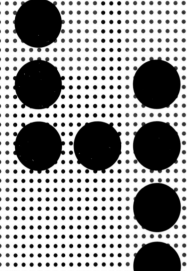

SUPER LICHTGEWICHT
EXTREME WEERSOMSTANDIGHEDEN
AERODYNAMIEK
SNELHEIDSRECORDS MICROPERFORATIE

Technisch textiel heeft het meer dan ooit mogelijk gemaakt om producten te vervaardigen die harder zijn dan hout, ademen zoals de huid, even waterbestendig zijn als rubber en daarenboven ook nog milieu- en budgetvriendelijk zijn. Deze eigenschappen maken van technisch textiel, onder de naam 'sportex', een geliefkoosd materiaal in de sport- en ontspanningswereld. Topsporters moeten uiteraard records breken en daarvoor is een aangepaste uitrusting vereist. Sportex combineert een minimaal gewicht met een hoge resistentie en een lange levensduur, dé troeven voor een succesvolle intrede in deze boeiende wereld. Als vervanging van de klassieke materialen laat Sportex toe om in hetzelfde materiaal zowel prestatiegerichte functionaliteit als gebruikscomfort te integreren.

De meeste Europese topvoetbalploegen spelen op kunstgras dat vervaardigd is door Belgische bedrijven als Desso, Domo of Lano. Ook in andere sporten zoals tennis, rugby en hockey veroveren de Vlaamse kunstgrasvelden de wereld. Kunstgras is immers altijd in dezelfde ideale omstandigheden bespeelbaar: geen kaalgespeelde zones, losse zoden of vervelende plassen. Mits normaal onderhoud kan kunstgras 24 uur op 24, zeven dagen op zeven worden bespeeld.

De atleet gebruikt doorgaans een heel gamma van sportkledij, waaronder kledij die de atleet enerzijds tegen de regen beschermt maar anderzijds ook de transpiratie laat verdampen. De kledij van *Grado Zero* bijvoorbeeld biedt de sporter in alle omstandigheden het nodige comfort, zelfs in zeer extreme weersomstandigheden (barre kou in de poolgebieden of ijzige wind in het hooggebergte) of bij zeer hoge temperaturen (F1-piloten).

In de periode dat een doorsnee wielertrui 300 gram woog, leek het onmogelijk om het gewicht van zo'n shirt met nog twee derde te reduceren. Dat was evenwel buiten *Bio-Racer* gerekend. In de voorbereiding op de Olym-

pische Spelen van Athene ontwikkelde dit bedrijf een nieuwe, superlichtgewicht trui, die zowel door de Belgische als de Nederlandse nationale ploegen gedragen werd. De gewichtswinst – de *Cool Light 100* woog slechts 100 gram – werd gerealiseerd door het gebruikte textiel, *Coolmax*™, op een revolutionaire manier te behandelen met behulp van nanotechnologie. Een optimale luchtcirculatie werd bereikt door microperforatie aan de voorzijde en de zijkanten van het shirt. De snit werd ingrijpend aangepast, zodat er een aangename verluchting ontstaat, zonder dat het shirt wind vangt. Daarnaast wordt ook steeds meer outdoor-materiaal uit nieuwe (lichtere en functionelere) textielmaterialen vervaardigd, wat zorgt voor een beter comfort in combinatie met lichter gewicht.

Nieuwe zwemrecords worden ondermeer dankzij de kwaliteit van de zwembroek gerealiseerd, terwijl de materiaalkeuze in de loopschoenen aanzienlijk bijdraagt tot nieuwe snelheidsrecords in de atletiek.

Omdat een licht gewicht, stevigheid en veiligheid essentiële voorwaarden zijn, is de sport, samen met de transportsector (mobiltex), hét segment bij uitstek waar een grote doorbraak van composietmaterialen wordt vastgesteld. Zo bestaan er reeds kajaks uit basaltcomposiet, en doen ook ski's, cricketsticks, hockeysticks en fietsen uit vlascomposiet – denken we maar aan de fiets van Johan Musseeuw – hun intrede…

Alle grote toptennissterren ter wereld hebben hun overwinningen te danken aan de tennissnaren van Luxilon. Ballonvaarders en parachutespringers komen nergens zonder hun lap zeer hoogwaardig technisch textiel. Ook de touwen, kabels of koorden van de valschermen zijn pure hoogstandjes van technisch textiel.

Mark Vervaeke,
Directeur Export & Promotie bij Fedustria

59

LÉGÈRETÉ
CONDITIONS MÉTÉOROLOGIQUES EXTRÊMES
AÉRODYNAMISME
MICRO-PERFORATION

Grâce au textile technique, il est plus que jamais possible de confectionner des produits encore plus durs que le bois, respirant comme la peau et tout aussi imperméables que du caoutchouc, et de surcroît, écologiques et bon marché. Ces propriétés font du textile technique, sous le nom de 'Sportex', un matériau de prédilection pour le monde des loisirs et du sport.

Les sportifs de haut niveau, qui doivent naturellement battre des records, exigent pour cela un équipement et des matériaux adaptés. La conjonction d'un poids léger, d'une haute résistance et d'une grande durée de vie de ces textiles constituent pour Sportex les fondements mêmes d'une entrée réussie dans notre monde passionnant, et ceci en tant que substitution des matériaux classiques.

Sportex permet de combiner, au sein d'un matériau unique, des fonctionnalités tournées vers la performance, associées à des propriétés de confort sans équivalents sur le marché.

Prenons quelques exemples d'applications concrètes en commençant par les types de sol. La plupart des équipes de foot de haut niveau en Europe jouent sur du gazon synthétique provenant d'entreprises belges comme Desso, Domo ou Lano. Il en va de même dans d'autres sports comme le tennis, le rugby et le hockey, où les terrains en gazon synthétique ont conquis le marché mondial. Ce type de gazon est d'ailleurs toujours accessible et garde son état d'origine. Aucune partie du terrain n'est mise à nu à force de jouer, il n'y a pas de dalles mobiles, ni de flaques d'eau gênantes ! Un entretien normal permet une utilisation 24 heures sur 24.

Venons-en maintenant à l'athlète lui-même et à son équipement. Nous trouvons toute une gamme de différents types d'habillement de sport, qui, par exemple, protègent à la fois contre la pluie et en même temps laissent évaporer la transpiration de l'athlète. Quant à l'habillement de Grado Zero, il offre au sportif le confort nécessaire, même dans des conditions météorologiques extrêmes (froid mordant dans les régions polaires ou vent glacial en haute montagne), ou bien lors de températures très élevées (exemple : pilotes de Formule 1).

A une époque où le maillot cycliste moyen pesait 300 grammes, il semblait impossible de réduire le poids de ce vêtement de plus des deux tiers de son poids initial. C'était sans compter sur l'existence de Bio-Racer. Lors des préparations aux Jeux olympiques d'Athènes, cette entreprise développa un maillot nouveau, ultraléger, porté à la fois par les équipes belges et néerlandaises. Le gain de poids – le *Cool Light 100* ne pesait que 100 grammes – fut réalisé au moyen d'un traitement révolutionnaire de la fibre textile, le Coolmax™, ceci grâce à la nanotechnologie. Ainsi, la micro-perforation réalisée à l'avant et sur les côtés du maillot permettait-elle une circulation optimale de l'air. La coupe fut adaptée de manière très précise afin de provoquer une aération agréable, sans pour autant capter le vent.

Simultanément, l'équipement *outdoor* (tentes, sacs de couchage) est de plus en plus fabriqué avec des matériaux textiles (plus légers et plus fonctionnels), alliant un meilleur confort et un poids plus léger.

De nouveaux records de natation sont réalisés, entre autres grâce à la qualité du maillot, tandis que le choix du matériau pour les chaussures de sport contribue considérablement aux records de vitesse dans l'athlétisme.

Dans la mesure où le faible poids, la résistance et la sécurité sont des qualités essentielles de ces matériaux, le sport, comme le transport (mobiltex), constitue le segment par excellence où l'on constate une grande percée de ces matériaux composites. Ainsi trouvons-nous d'une part des kayaks fabriqués en composite de basalte et d'autre part des skis, des crosses de cricket, de hockey et des vélos en composite de lin, comme le vélo de Johan Musseeuw...

Tous les plus grands champions de tennis de niveau mondial gagnent grâce aux cordes fabriquées par une même PME flamande. Les pilotes de montgolfières et les parachutistes n'iraient nulle part sans leurs pièces de tissu en textile technique extrêmement performant. Il en va de même pour les ficelles, câbles ou cordes des parachutes, de pures merveilles du textile technique.

**Mark Vervaeke,
Directeur Export & Marketing chez Fedustria**

2

1

1 ProfilerKipsta Helmet developed by Oxylane Design, 2007, EVA foam, polyamid, thermoformed foam ©Samuel Dot

2 The flax fibre-carbon hybrid bicycle, 2008,
Museeuw Bikes, IPA Composites Belgium, Billato Linea Telai, Achilles Associates ©www.kwinten.be

61

LIGHTWEIGHT
EXTREME WEATHER CONDITIONS
AERODYNAMISM
SPEED RECORDSMICRO-PERFORATION

Thanks to technical textiles, it is possible more than ever to make products even harder than wood, as breathable as skin and also as impermeable as rubber. Furthermore, they are ecological and inexpensive. These properties make the technical textiles, known as 'sportex', the favourite material of the world of sports and leisure.

Top sportsmen and women, who obviously strive to beat records, demand equipment and materials specially adapted for this purpose. The combination of these textiles' light weight, high resistance and long life constitutes for Sportex the very foundations of a successful entry into this passionate world, replacing the classical materials. Sportex enables the combination in a unique material, of functions geared towards performance, combined with properties of comfort, which is unequalled in the market.

Let's take some examples of specific applications, starting with the types of ground: the majority of leading football teams in Europe are playing on synthetic grass originating from Belgian companies such as Desso, Domo or Lano. Other sports, like tennis, rugby and hockey are also affected, and the synthetic grass courts and pitches have conquered the world market.

Emirates Arsenal – artificial grass ©www.desso.com

For this ever accessible type of grass maintains its original state. No part of the ground is worn bare due to the game; there are no portable tiles or gigantic puddles of water! Routine maintenance allows the surface to be used round-the-clock.

Now let's move on to the athlete himself and his equipment. We find a whole range of different types of sports' clothing, which, for example, both protect from the rain while at the same time allowing the athlete's transpiration to evaporate. The garments produced by *Grado Zero* provide the sportsman with the necessary comfort, even in extreme weather conditions (biting cold in polar regions or glacial winds in high mountains), or at very high temperatures (e.g. F1 pilots).

At the time when the average cycling jersey weighed 300g, it seemed impossible to reduce the weight of this garment by two-thirds of its initial weight. That is, without counting on the existence of *Bio-Racer*. In preparation of the Athens Olympic Games, this company developed a new ultra-light cycling jersey, worn both by the Belgian and Dutch teams. The weight advantage (the *Cool Light 100* weighed no more than 100g), was attained by means of a revolutionary treatment of the textile fibre *Coolmax*™, thanks to nanotechnology. Thus, the micro-perforation realised on the front and sides of the jersey facilitated optimal air circulation. The cut was adapted in a very precise manner, in order to produce a pleasant aeration, while avoiding catching the wind.

Simultaneously, outdoor equipment (tents, sleeping bags,…) is increasingly produced from textile materials (lighter and more functional), combining better comfort with lighter weight.

Swimming records are once again being attained thanks to the quality of the swimsuit, among other factors, while the choice of the material for sports shoes contributes considerably to speed records in athletics.

Insomuch as the low weight, resistance and safety are essential qualities of these materials, sport, like transport (mobiltex), constitutes the segment *par excellence* where great breakthroughs are being made in composite materials. Thus, on one side, we find a kayak produced from a composite of basalt and on the other side, we find skis, cricket bats, hockey sticks and bicycles made from flax composites, such as Johan Musseeuw's bicycle,…

All the top world tennis champions win thanks to the cords manufactured by the same Flemish SME. Hot air balloon pilots and parachutists would get nowhere, were it not for their pieces of material made from extremely high-performance technical textiles. The same goes for the parachute cords, cables and ropes, which are pure marvels of technical textiles.

Mark Vervaeke
Export & Marketing Manager
at Fedustria

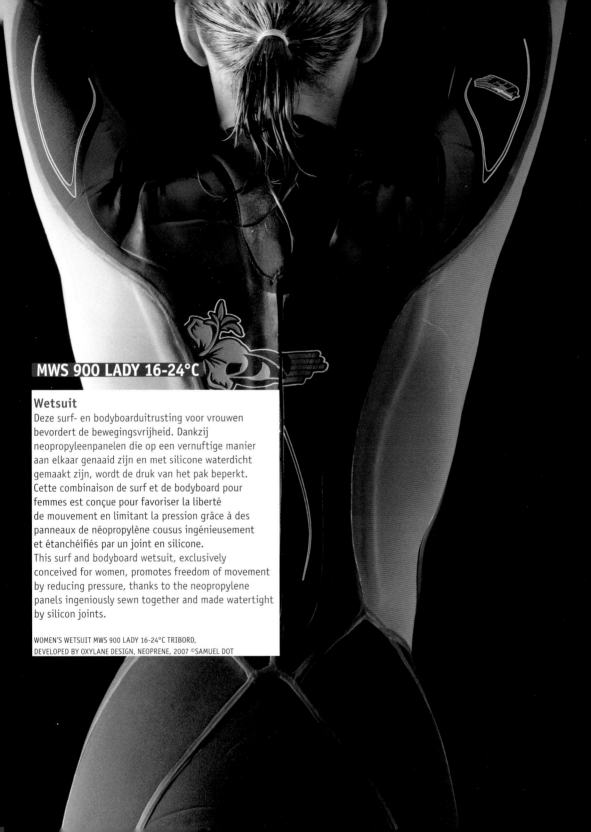

MWS 900 LADY 16-24°C

Wetsuit

Deze surf- en bodyboarduitrusting voor vrouwen
bevordert de bewegingsvrijheid. Dankzij
neopropyleenpanelen die op een vernuftige manier
aan elkaar genaaid zijn en met silicone waterdicht
gemaakt zijn, wordt de druk van het pak beperkt.

Cette combinaison de surf et de bodyboard pour
femmes est conçue pour favoriser la liberté
de mouvement en limitant la pression grâce à des
panneaux de néopropylène cousus ingénieusement
et étanchéifiés par un joint en silicone.

This surf and bodyboard wetsuit, exclusively
conceived for women, promotes freedom of movement
by reducing pressure, thanks to the neopropylene
panels ingeniously sewn together and made watertight
by silicon joints.

WOMEN'S WETSUIT MWS 900 LADY 16-24°C TRIBORD,
DEVELOPED BY OXYLANE DESIGN, NEOPRENE, 2007 ©SAMUEL DOT

Pierre Cardin, 1995
courtesy Pierre Cardin

LZR RACER

Swimsuit 2008

De combinatie LZR Racer, die gedragen werd door Michael Phelps en Alain Bernard op de Olympische Spelen van Peking, is de snelste ter wereld. Zij laat de zwemmers toe om veel vlugger te zwemmen, dankzij een druk op de profielen en de optimalisatie van de hydrodynamiek.

La combinaison Speedo LZR Racer, portée par Michael Phelps et Alain Bernard aux Jeux Olympiques de Pékin, est la combinaison la plus rapide au monde. Elle permet aux sportifs de nager plus vite grâce à une compression qui optimise le profilé et l'hydrodynamisme.

Speedo LZR Racer, as worn by Michael Phelps and Alain Bernard at the 2008 Olympic Games in Beijing, is the fastest swimsuit in the world – it enables swimmers to swim their fastest. Through compression, it creates the most hydrodynamic and stream line shape possible for the swimmer.

LZR RACER SPEEDO SWIMSUIT WORN BY MICHAEL PHELPS, 2008, DEVELOPED BY SPEEDO AND MECTEX, COURTESY GETTY IMAGES

BIO-RACER

Mach 2 Speedsuit

Dit hoogwaardige schaatspak betekent een revolutie
op het vlak van aerodynamica en spierondersteuning.
De compressie van de spieren zorgt ervoor dat de
sporter de inspanning langer kan volhouden.
Cette combinaison représente une révolution dans le
domaine de l'aérodynamisme et du soutien musculaire.
La compression des muscles permettra au sportif
d'endurer l'effort plus longtemps.
This top of the range skating suit represents
a revolution in the field of aerodynamics and muscle
support. The compression of the muscles enables
the skater to maintain his effort for a longer time.

MACH 2 SPEEDSUIT, 2008, AEROCOAT, CARO, CARBON FIBRES
DEVELOPPED BY BIO-RACER

GRADO ZERO ESPACE

F1-Cooling suit

Deze overall werd ontworpen voor de equipe van
McLaren die instaat voor het onderhoud van de F1.
De warmteregulerende uitrusting zorgt
voor een aangename interne temperatuur en biedt
een optimale brandwerende bescherming.
Ce modèle de combinaison a été réalisé pour les
mécaniciens de l'équipe McLaren qui assurent
l'entretien des F1. Ce vêtement à régulation thermique
assure une température interne confortable et offre
une protection anti-feu optimale.
This innovative overall has been developed for
McLaren's F1 mechanics. The thermic garment
guarantees a comfortable working temperature while
offering optimal protection against fire.

F1 COOLING SUIT, NOMEX, PLASTIC TUBES, CONNECTIONS,
DEVELOPED BY GRADO ZERO AND HUGO BOSS ©GRADO ZERO ESPACE

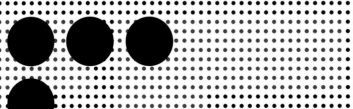
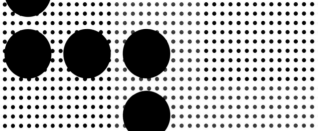

3D
ANTIBACTERIEEL
TEXTIELIMPLANTATEN

Wie ooit z'n voet verzwikte of in z'n vinger sneed, kent wellicht de genezende werking van textiel. Waar pleisters en wondverbanden vroeger enkel dienden om de wonde tegen bacteriën en vuil te beschermen, worden ze nu 'gefunctionaliseerd' met allerlei actieve (pijnstillende, ontsmettende, antibacteriële,…) producten die de wonde sneller doen genezen. Zo wordt er tegenwoordig in plaats van de traditionele katoen- of viscosevezels 'bioactief textiel' gebruikt. Dit bioactieve textiel wordt onder andere geproduceerd uit chemisch gemodificeerde polymeren of uit biopolymeren op basis van paddenstoelen, algen of huidpantsers van schaaldieren of insecten. De samenstelling van het materiaal zelf werkt genezend. Textiel op basis van algen bijvoorbeeld verandert het wondvocht in een gel waardoor de wondoppervlakte niet uitdroogt en sneller geneest in een vochtige omgeving.

Nieuwe textielproducten zoals stents, artificiële aders, pezen en huid worden ook gebruikt om inwendige ziekten en wonden te genezen. Deze medische textielproducten worden in het lichaam aangebracht via lokale (en dus minder ingrijpende) operaties: via een smalle insnijding in de lies brengt de arts een sonde in waarmee een gebreide stent tot op de juiste plaats in de ader wordt geschoven. De volgende dag al kan de patiënt het ziekenhuis verlaten en hij hoeft dus niet te herstellen van een urenlange operatie onder volledige narcose.

Een bijzondere ontwikkeling is de tissue-engineering, waarbij lichaamscellen zich kunnen hechten op implanteerbare (meestal gebreide) dragers of scaffolds met een 3D structuur. Op die manier zijn ze in staat nieuw weefsel of zelfs een nieuwe hartklep te vormen. Tissue-engineering biedt een snel en valabel alternatief voor de – schaarse – donororganen en geeft geen aanleiding tot afstotingsverschijnselen. Momenteel onderzoekt men de mogelijkheden van nanovliezen. Door hun microscopisch fijne vezelstructuur hebben deze structuren een zeer grote specifieke oppervlakte, waardoor de lichaamscellen nog meer ruimte krijgen om zich te hechten.

Onder medisch textiel verstaan we niet enkel de verzorgende of genezende producten, maar ook alle textielproducten die in ziekenhuizen worden gebruikt. Dit gaat van beddenlakens, gordijnen en opneemdoeken tot operatieschorten en afdekdoeken met verhoogde afweereigenschappen tegen ziekten als hepatitis B en AIDS, die via het bloed of andere lichaamsvloeistoffen worden overgedragen. Bovendien staat de behandeling van ziekenhuislinnen met antimicrobiële producten sterk in de belangstelling wegens de groeiende problematiek van de ziekenhuisbacterie.

Medisch textiel staat nog maar aan het begin van zijn mogelijkheden. De wisselwerking tussen wetenschappelijke doorbraken op medisch vlak, de ontwikkeling van nieuwe materialen en technologieën, de grenzeloze probleemoplossende creativiteit van de mens, de demografische evolutie (vergrijzing, dreiging van pandemieën…) en socio-economische trends, zoals kortere ziekenhuisopnames en zelfzorg, zullen de toekomst van medisch textiel duidelijk vorm en richting geven.

Centexbel - Mark Croes,
technologisch adviseur Health, Safety & Security &
Marc Gochel, manager Health, Safety & Security

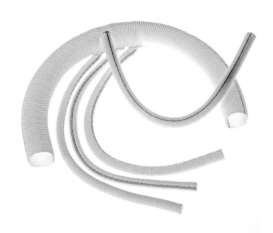

Artificial vein polyarch, developed by Laboratoires Pérouse,
©Jean-Pierre Duplan, Light Motiv

3D
ANTIBACTÉRIEN
IMPLANTS TEXTILES

Vous connaissez sans doute le pouvoir de guérison du textile pour vous être un jour foulé le pied ou coupé le doigt. Là où les sparadraps ou pansements servaient uniquement à protéger la plaie des bactéries et des microbes, les nouveaux textiles sont 'fonctionnalisés' avec de nombreux produits (anti-douleur, désinfectant, antibactérien) qui permettent de cicatriser plus rapidement. Une autre méthode consiste à utiliser le 'textile bioactif' au lieu des fibres traditionnelles en coton ou viscose. Le textile bioactif est fabriqué, entre autres, à partir de polymères chimiquement modifiés, ou de biopolymères à base de champignons, d'algues ou de coquilles de crustacés ou d'insectes. La composition du matériau lui-même contribue à la guérison. Ainsi le textile à base d'algues transforme-t-il le pus en gel, de façon à ce que la surface de la plaie ne se dessèche pas et guérisse ainsi plus rapidement, grâce à un environnement humidifié.

A côté de cela, de nouveaux produits textiles servant de stents de chirurgie, d'artères artificielles, de tendons ou de peau, sont utilisés pour guérir des maladies internes et externes telles que les plaies. Ces produits textiles médicaux sont introduits dans le corps par des opérations locales, donc moins lourdes. Il suffit de réaliser une petite incision dans l'aine, puis d'introduire une sonde permettant au chirurgien de glisser un stent tricoté jusqu'au bon endroit du corps. Le lendemain, le patient quitte l'hôpital, sans avoir dû se remettre d'une opération de plusieurs heures faite sous anesthésie générale.

Une application inédite est le *tissue engineering* (ingénierie du tissu), où les cellules du corps peuvent se greffer sur des supports implantables (souvent tricotés) ou 'pontons' avec une structure 3D qui permet de former un nouveau tissu ou même un nouveau ventricule. L'ingénierie du tissu offre une alternative rapide et viable aux (rares) organes de donneurs et ne provoque pas de symptômes de rejet. En ce moment même, une recherche a lieu concernant les nanomembranes. De par la construction de leur fibre à une échelle microscopique, ces structures présentent une très grande superficie, de sorte que les cellules corporelles ont davantage de surface disponible pour se greffer.

Le textile médical ne comprend pas uniquement les produits soignants ou thérapeutiques, mais également tous les produits textiles utilisés dans les hôpitaux, allant des draps de lits, aux rideaux, aux alèses, aux blouses opératoires et tissus de champs opératoires, dotés de propriétés faisant barrage à des maladies telles que l'hépatite B et le sida, transmissibles par le sang ou par d'autres fluides corporels. En outre, le traitement avec des produits antimicrobiens du lin utilisé en hôpital est suivi de très près, compte tenu du problème grandissant des bactéries hospitalières.

Le textile médical se trouve seulement dans la phase initiale de sa croissance potentielle. L'interaction entre les percées de la recherche médicale, le développement de nouveaux matériaux et technologies, la capacité infinie de l'être humain à résoudre ces problèmes, plus l'évolution démographique (vieillissement, menace de pandémies) et la tendance socio-économique vers des séjours hospitaliers plus courts, enfin le développement des soins à domicile, tous ces éléments donneront une impulsion évidente au textile médical tant dans sa forme que dans ses orientations.

Centexbel - Mark Croes,
Conseiller Technologique Health, Safety & Security &
Marc Gochel, Directeur Health, Safety & Security

3D ANTIBACTERIAL TEXTILE IMPLANTS

You are undoubtedly aware of the healing power of textiles, having sprained your ankle or cut your finger at some point. While plasters or bandages once only served to protect the wound from bacteria and microbes, the new textiles are now 'functionalised' with numerous products (pain-killing, disinfectant, anti-bacterial), which facilitate quicker healing.

Another method consists in using 'bio-active textile', instead of the traditional cotton or viscose fabrics. Bio-active textiles are manufactured from chemically modified polymers, or bio-polymers from mushrooms, algae or the carapaces of crustaceans and insects, among other things. The composition of the material itself contributes to the healing process. Thus, the textile made from algae transforms the pus into a gel, preventing the surface of the wound from drying out and hence it heals quicker, thanks to the humidified environment.

Besides this, new textiles products, serving as surgical stents, artificial arteries, tendons or skin, are used to heal internal and external complaints, such as cuts. These medical textiles are introduced into the body under local anaesthetic, which not as deep as a general anaesthetic: it suffices to make a small incision in the groin, into which a catheter is introduced enabling the surgeon to slide a knitted stent to the appropriate part of the body. The patient leaves the hospital the following day, without having to recover from an operation lasting several hours conducted under general anaesthetic.

Tissue-engineering is a new application, in which cells can be grafted onto implantable supports (often knitted) or 'scaffolds', with a 3D structure, which enables the formation of new tissue, or even a new ventricle. Tissue engineering offers a rapid and viable alternative to (rare) donor organs and does not lead to rejection symptoms. Research is currently being conducted on nanomembranes: through the construction of their fibre on a microscopic scale, these structures present a very large surface, such that the body cells have a larger surface available for grafting.

Medical textiles not only include healing or therapeutic tissues, but also all the textiles products used in the hospitals, ranging from the sheets on the beds, to curtains, mattress protectors, operation white coats and materials for the operations field, with properties forming a barrier against diseases such as hepatitis B and AIDS, transmittable through the blood and other bodily fluids. Besides this, the treatment of linen used in hospitals with anti-microbial products is followed very carefully, taking into account the growing problem of hospital bacteria.

Medical textile is only at the initial phase of its potential growth. The interaction between medical breakthroughs, the development of new materials and technologies, the infinite capacity of human beings to solve problems, combined with the demographic evolution (aging population, threat of pandemics) and the socio-economic tendency towards shorter hospital stays and finally the development of home care; all these elements will provide a clear impulse to medical textiles.

Centexbel - Mark Croes,
Technological Advisor for Health, Safety & Security &
Marc Gochel, Director of Health, Safety & Security

BIO-RACER

Reskin Bike Patch

De *Reskin Bike Patch* beschermt fietsers tegen
zadelpijn. De *patch* is gemaakt uit lycra® met
een herbruikbaar kleefsysteem en is de vrucht van
een onderzoek dat geïnspireerd is op de microplaatjes
van de poten van een gecko.

Le *Reskin Bike Patch,* conçu dans un lycra®
au système adhésif repositionnable, protège le cycliste
contre les douleurs provoquées par le frottement
d'une selle de vélo. Il est le fruit de recherches
inspirées par les micro-lamelles des pattes d'un gecko.

The *Reskin Bike Patch,* a repositionable adhesive
system made from lycra®, protects the cyclist against
saddle-soreness. The concept is based on research
inspired by the micro-plates on the feet of a gecko.

RESKIN BIKE PATCH, 2008, BIO-RACER ©HOGESCHOOL GHENT, IWT

COUSIN BIOTECH

4DDome®

De implantatie van textielweefsels in het menselijk organisme kan nog ongewoon lijken, toch is het mogelijk met deze biocompatibele weefsels op basis van polymeren. Een indrukwekkende toepassing van hightechtextiel die het mogelijk maakt een menselijk weefsel of orgaan te herstellen en zelfs te vervangen.

Si l'idée d'implanter du textile dans l'organisme humain paraît encore étonnant, ces textiles biocompatibles ont la capacité de s'intégrer au tissu vivant, grâce aux polymères qu'ils contiennent. Application impressionnante du textile high-tech, ils réparent, voire remplacent les tissus et organes humains.

While the idea of implanting textile into the human organism may seem surprising, these bio-compatible textiles, made from polymers, have the ability to integrate into living tissue. An impressive application of high-tech textiles, able to repair or even replace human tissue or organs.

4DDOME®, PARTIALLY ABSORBABLE TEXTILE IMPLANT, TREATMENT OF INGUINAL HERNIAS, LIGHTENED POLYPROPYLENE, PLA ABSORBABLE IMPLANT TEXTILE, DEVELOPED BY COUSIN BIOTECH ©COUSIN BIOTECH

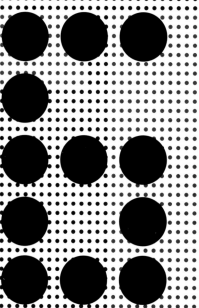

MOBILTEX

ECO-ONTWIKKELING
COMFORT
WATERDICHTHEID
BRANDWERENDE STOFFEN

We zijn erdoor omringd, we komen er elke dag mee in contact, maar toch is het niet zichtbaar aanwezig. We hebben het over technisch textiel, een nichemarkt die voortdurend in beweging is (5 tot 7% jaarlijkse groei) en diverse en soms onverwachte toepassingen voortbrengt. We vinden ze vooral in de transportsector terug. Dit alles gebeurt in een context van kostenreductie, om het concurrentievermogen van onze bedrijven te garanderen en natuurlijk ook in het kader van duurzame ontwikkeling (gewichtsvermindering, eco-ontwikkeling). Dankzij de volwaardige mechanische prestaties en de geringe densiteit vormt technisch textiel het materiaal van de toekomst.

- Om bepaalde constructies lichter te maken, wordt composietmateriaal versterkt met textiel (glas, koolstof of aramide). Door het geringe gewicht (in vergelijking met andere traditionele materialen), de rigiditeit, de bestendigheid tegen corrosie, slijtage of barsten vormt het een ideale bouwsteen voor bepaalde constructies of voor carrosserie. Tot de meest spectaculaire toepassingen waarbij technisch textiel gebruikt wordt, rekenen we ongetwijfeld het stroomlijnen van de HST, allerlei onderdelen van de Airbus A380, maar ook de helikopterschroefbladen van wereldleider Eurocopter, een filiaal van EADS.
- Om de vooruitgang van de transportmiddelen te waarborgen is technisch textiel onmisbaar: luchtfilters die vroeger uit een soort papier bestonden, werden vervangen door niet-geweven filters met een langere levensduur. Motoren die een grote hoeveelheid rubber of een andere elastische substantie nodig hebben om bestand te zijn tegen motorvloeistoffen, worden vervangen door alternatieven uit textiel. Zonder technisch textiel zouden de diffusoren van de Ariane raket nooit bestand zijn tegen extreem hoge temperaturen.

Decoratie en comfort: in een gemeenschap waar hedonisme, persoonlijk comfort en differentiatie centraal staan, wordt technisch textiel als een volwaardig verkoopsargument gebruikt door autofabrikanten en luchtvaartmaatschappijen: individualisering van het voertuig, verbetering van het geluidscomfort of het thermo-fysiologisch comfort van de zetels.

Voldoen aan de veiligheidsverwachtingen van de gebruikers, maar ook van de publieke overheden; veiligheid is namelijk voor iedereen een prioriteit. Technisch textiel biedt hier talrijke oplossingen:

- veiligheidsgordels, over het algemeen gemaakt uit zeer stevig polyester, geweven op smalle weeftoestellen.
- airbags die, naargelang de omstandigheden, ofwel zo snel mogelijk moeten worden opgeblazen en vervolgens langzaam leeglopen, ofwel een ondersteunende rol spelen (zijairbags, gordijnen, ...)
  banden, onontbeerlijk voor de veiligheid. Voor auto-
- banden worden polyester weefsels gebruikt; polyamide dient voor vliegtuigen en zware voertuigen, terwijl racewagens met viscose uitgerust worden.
- brandveiligheid is fundamenteel in de transportsector, waar uiterst strenge normen gelden. Het gaat hier om van nature onontvlambare vezels (meestal aramide), vezels die tijdens de productie brandwerend gemaakt worden (polyester en viscose FR) en nabehandelingen voor het brandwerend maken van textiel.
- remmen met plaatjes uit composietmateriaal.
- isolatie in de luchtvaartsector gebeurt door middel van koppelingen die versterkt zijn met glastextiel, aramide of nikkel.

Jean-François Bracq,
Secretaris-Generaal van CLUBTEX

ECO-DÉVELOPPEMENT
CONFORT
ETANCHÉITÉ
FIBRES IGNIFUGÉES

Ils vous entourent, vous les croisez tous les jours mais ne les voyez pas forcément. 'Ils', ce sont les textiles techniques, un marché de niche en constante progression (5 à 7% par an), aux applications multiples et parfois insoupçonnées. Notamment, on les trouve dans les transports, dans lesquels ils jouent d'ores et déjà un rôle prépondérant, dans un contexte de réduction des coûts, pour garantir la compétitivité de nos entreprises, et bien entendu de développement durable (réduction du poids, éco-développement). Ses hautes performances mécaniques alliées à sa faible densité en font un matériau d'avenir, notamment pour :

- Alléger les structures, les matériaux composites renforcés de textile (verre, carbone ou aramide) sont de plus en plus utilisés comme pièces de structure ou éléments de carrosserie, pour leur faible poids par rapport aux matériaux traditionnels, leur rigidité, leurs propriétés anticorrosion, leur résistance à la fatigue et à la propagation de fissures… Parmi les plus spectaculaires réalisations françaises utilisant des textiles techniques pour leurs structures, citons le carénage du TGV, de nombreuses pièces de la cellule de l'Airbus A380 et les pâles d'hélicoptère, pour lesquelles Eurocopter, filiale d'EADS, est le leader mondial.
- Assurer la propulsion des moyens de transports, les textiles techniques sont désormais indispensables au fonctionnement de nos moyens de transport : filtres à air autrefois de type papier sont remplacés par des filtres non-tissés à la durée de vie supérieure, les moteurs nécessitant une grande quantité de caoutchouc ou d'autres élastomères résistants aux fluides moteurs par leurs renforts textiles. Sans textiles techniques, comment les divergents de la fusée Ariane pourraient-ils supporter les très hautes températures auxquelles ils sont soumis ?

Décoration et contribution au confort. Dans une société axée sur l'hédonisme, le confort personnel et la différenciation, les textiles techniques constituent un véritable argument de vente pour les fabricants d'automobiles et les compagnies aériennes : personnalisation du véhicule, amélioration du confort acoustique ou du confort thermo-physiologique des sièges.

Garantir la sécurité attendue par les consommateurs, mais également par les pouvoirs publics ; la sécurité est désormais l'affaire de tous. Les textiles techniques apportent de nombreuses réponses, parmi lesquelles :

- les ceintures de sécurité, généralement en polyester haute ténacité, tissées sur des métiers étroits ;
- les airbags, qui, selon les cas doivent se gonfler le plus rapidement possible, puis se dégonfler légèrement ou jouer un rôle de maintien (airbags latéraux, rideaux…) ;
- les pneus, essentiels à la sécurité. Les tissus en polyester sont utilisés pour les voitures circulant sur des routes en bon état, le polyamide pour les avions et les engins devant travailler 'hors piste', la viscose haute ténacité pour les voitures à grande vitesse ;
- la sécurité au feu, fondamentale dans les transports, où les normes sont draconiennes : fibres naturellement ininflammables (généralement des aramides), fibres ignifugées dans la masse lors de la production (polyester et viscose FR) et traitements d'ignifugation subséquents sur textiles ;
- les freins, qui font appel à des plaquettes en matériaux composites.
- l'étanchéité en aéronautique, assurée par des joints renforcés de textiles de verre ou aramide et de nickel.

Jean-François Bracq,
secrétaire général de CLUBTEX

ECO DEVELOPMENT
COMFORT
NON-FLAMMABLE FIBRES
WATERPROOF

They are all around you; you come across them every day, but you don't necessarily see them. 'They' are the technical textiles, a niche market in continuous expansion (5 to 7 % per year), with numerous and sometimes unsuspected applications. E.g. in transport, in which they already play a predominant role, in the context of reducing costs, guaranteeing the competitiveness of our businesses and of course in sustainable development (reducing weight, eco-development). Their high mechanical performance combined with their low density make them materials of the future, notably used:

• To lighten the structures:

The composite materials reinforced with textile (glass, carbon or aramid) are increasingly used as structural pieces or elements of bodywork, due to their low weight compared to traditional materials, their rigidity, their anticorrosive properties, their resistance to fatigue and the propagation of fissures... Among the most spectacular of the French achievements using technical textiles for their structures, we can cite the streamlining of the TGV, numerous parts of the Airbus A380 airframe and the helicopter blades, which made a world leader of Eurocopter, a subsidiary of EADS.

• To ensure the propulsion of modes of transports:

The technical textiles are henceforth indispensable to the operation of modes of transport: air filters that were hitherto made of paper have been replaced by non-woven filters with a longer lifespan, the engines requiring a large amount of rubber or other elastomers resistant to engine fluids due to their textile reinforcements. Without technical textiles, how would the variants of the Ariane rocket have been able to withstand the very high temperatures to which they are subjected?

For decoration and contributing to comfort: In a society focused on hedonism, personal comfort and differentiation, the technical textiles constitute a real selling point for car manufacturers and airline companies: vehicle personalisation and improving the acoustic or thermophysiological comfort of the seats. To guarantee the safety expected by the consumers, but equally by the public authorities: safety is now everybody's concern. The technical textiles provide a number of solutions, including:

- Safety belts, generally made from high tenacity polyester, woven over narrow frames;
- Airbags, which should accordingly inflate as quickly as possible and then deflate slightly or play a supporting role (lateral airbags, curtains…);
- Tyres, essential for safety. Polyester tissues are used for cars circulating on roads in good condition, polyamide is used for aeroplanes and vehicles that have to operate 'off-track'; high tenacity viscose is used for high-speed cars;
- Fire safety, which is fundamental in transportation, where regulations are draconian: naturally non-flammable fibres (generally the aramids), fibres that are fireproofed in bulk during production (polyester and viscose FR) and subsequent fireproofing treatments on the textiles;
- The brakes, using pads made from composite materials;
- Airtightness in aeronautics, assured by joints reinforced with glass, aramid and nickel textiles.

Jean François Bracq,
General Secretary of CLUBTEX

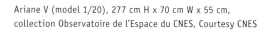

Ariane V (model 1/20), 277 cm H x 70 cm W x 55 cm,
collection Observatoire de l'Espace du CNES, Courtesy CNES

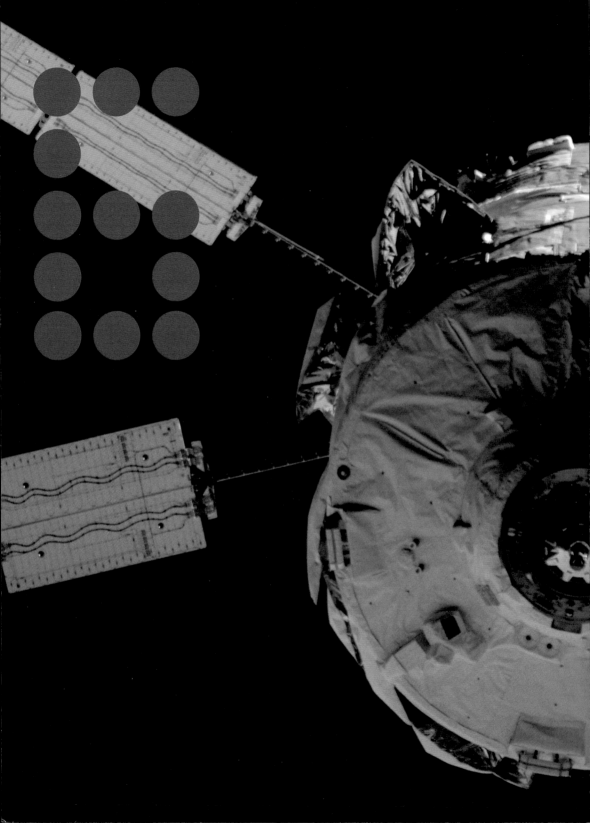

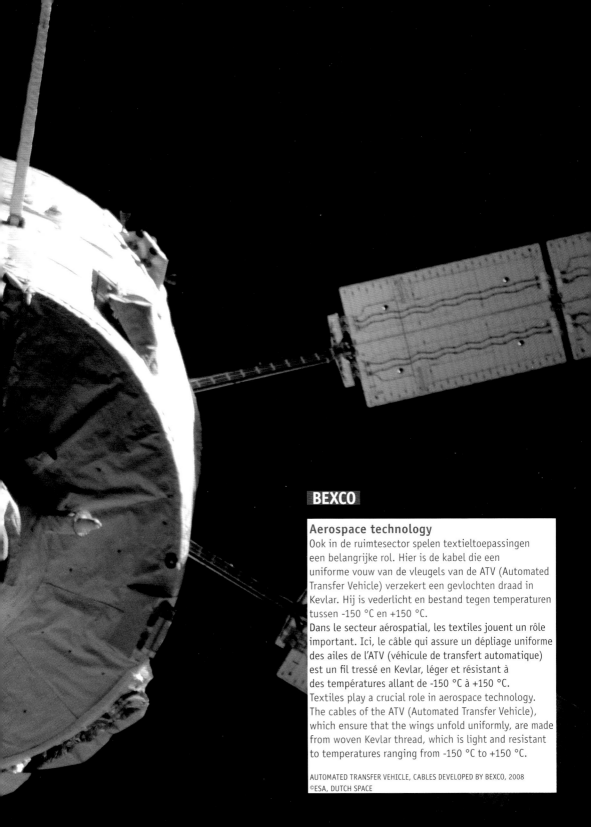

BEXCO

Aerospace technology
Ook in de ruimtesector spelen textieltoepassingen
een belangrijke rol. Hier is de kabel die een
uniforme vouw van de vleugels van de ATV (Automated
Transfer Vehicle) verzekert een gevlochten draad in
Kevlar. Hij is vederlicht en bestand tegen temperaturen
tussen -150 °C en +150 °C.

Dans le secteur aérospatial, les textiles jouent un rôle
important. Ici, le câble qui assure un dépliage uniforme
des ailes de l'ATV (véhicule de transfert automatique)
est un fil tressé en Kevlar, léger et résistant à
des températures allant de -150 °C à +150 °C.

Textiles play a crucial role in aerospace technology.
The cables of the ATV (Automated Transfer Vehicle),
which ensure that the wings unfold uniformly, are made
from woven Kevlar thread, which is light and resistant
to temperatures ranging from -150 °C to +150 °C.

AUTOMATED TRANSFER VEHICLE, CABLES DEVELOPED BY BEXCO, 2008
©ESA, DUTCH SPACE

Hélios III

Deze wagen, ontwikkeld door de vereniging Helios
en HEI in Lille, heeft deelgenomen aan de Panasonic
World Solar Challenge in Australië. Hij is voornamelijk
gemaakt uit carbonvezels en bedekt met zonnepanelen.
Helios III kan een maximumsnelheid van 120 km/u
bereiken.

Cette voiture développée par l'association Hélios
et HEI (Hautes Etudes d'Ingénieur) à Lille a participé au
Panasonic World Solar Challenge en Australie. Réalisée
principalement en composite de fibres de carbone,
elle est recouverte de panneaux solaires et atteint une
vitesse maximale de 120 km/h.

This car, developed by the Hélios association in Lille,
took part in the Panasonic World Solar Challenge
in Australia. Principally built from a composite
of carbon fibres, it is covered in solar panels and
reaches a maximum velocity of 120 km/h.

HÉLIOS III, 2003, 6 X 2 M, 250 KG, CARBON, NOMEX,
DEVELOPED BY HEI, LILLE ©WWW.HELIOSCAR.COM

UNIVERSITY OF WARWICK

Eco One Car

De raceauto *Eco One* doet hoge prestaties en ecologie
samengaan. Zijn onderdelen bestaan uitsluitend uit
natuurlijke en duurzame elementen. De banden zijn
gemaakt met aardappelen en maïszetmeel;
de carrosserie met composiet, plantaardige vezels en
glasvezels. *Eco One* behaalt een snelheid van 140 km/u.
La voiture de course Eco One allie haute performance et
écologie. Ses composants sont exclusivement naturels
et renouvelables : pneus en pomme de terre et fécule
de maïs, carrosserie en fibres végétales (chanvre...),
composite et fibre de verre, disques de freins et coques
de noix de cajou... Eco One atteint 140 km/h.
The racing car *Eco One* allies high-performance
and ecology. Its components are made exclusively with
natural, renewable materials. Its tyres are made from
potato and cornstarch, while the bodywork structure is
made of composite, plant fibre and glass fibre.
This racing car reaches a top speed of 140 km/h.

ECO ONE CAR, 2006-2007, 150 X 300 CM, COMPOSITE OF JUTE,
HEMP, BEETROOT FIBRES, UNIVERSITY OF WARWICK
©WMG AT THE UNIVERSITY OF WARWICK

ALAIN GERMAIN MOTEUR VULCAIN D'ARIANE 5

Dit eigenaardige kostuum, geïnspireerd op de Vulcan motor Ariane 5, werd ontworpen in het kader van de voorstelling-tentoonstelling van Alain Germain in het Musée National des Techniques / Conservatoire National des Arts et Métiers in Parijs.

Ce costume étrange est inspiré du moteur Vulcain d'Ariane 5 et a été créé dans le cadre de l'exposition-spectacle d'Alain Germain au Musée National des Techniques / Conservatoire National des Arts et Métiers à Paris.

This strange costume, which is inspired by the Vulcan Ariane 5 engine, was created within the framework of an exhibition-show by Alain Germain, which was held at the Musée National des Techniques / Conservatoire National des Arts et Métiers in Paris.

Costume inspired by the Vulcan Ariane 5 engine
1992, COLLECTION FROM THE BIBLIOTHÈQUE NATIONALE DE FRANCE ©MARC ROUSSEL

DESIGN
ERGONOMIE
OPTISCHE VEZELS
FUNCTIONALITEIT

In de geschiedenis van het productdesign zijn revolutionaire ontwikkelingen in materiaalonderzoek en technologie altijd sterke impulsen geweest tot innovatieve ontwerpen. Ook vandaag toont het interieurdesign een opvallende dynamiek in het experimenteren met nieuwe textielsoorten, via het combineren van principes uit de textielwereld met recente wetenschappelijke inzichten.

De multidisciplinaire interactie tussen ontwerpers en wetenschappers is inderdaad van primordiaal belang. Designers nemen de tijd om volop te experimenteren, individueel of samen met anderen, zonder zelf doorgewinterde onderzoekers te zijn. Met een open geest en tegen heersende opvattingen in, realiseren ze grensverleggende interpretaties van klassieke items. Voor zijn *Pane Chair* bakte Tokujin Yoshioka zachte en dunne polyestervezels in een oven tot hij een stevige zitstructuur verkreeg die ons de indruk geeft op lucht te zitten. 'I wanted to create a chair that is totally new, one that has never existed, and one that would inspire people', aldus de ontwerper, zelf geïnspireerd door een artikel over vezels in *National Geographic*.

De ontwerpers richten zich op een intieme ontmoeting tussen het product en het lichaam en willen dat hun producten gevoeld, gehoord, bespeeld worden doorheen hun ongewone tactiele kwaliteiten of in onverwachte toepassingen. Door een ingebouwd elektronisch circuit wordt textiel een interface die bij aanraking elektronische muziekklanken produceert. Andere ontwerpen worden sculpturen die kunnen uitgroeien tot installaties op architecturale schaal. Textiel beoogt in deze innovatieve processen niet steeds het klassieke.

Met fotovoltaïsche cellen, optische vezels of fotoluminiscente pigmenten wordt textiel een lichtgevende, kantachtige structuur die via digitale of andere technologie kan reageren op beweging, geluid of warmte. Textiel wordt licht, klank, geur, beweging en zet de gebruiker aan om op zijn beurt betere prestaties te leveren in een poëtische, interactieve omgeving. De hightech toont zich niet opvallend. De wetenschappelijke benadering richt zich op actuele toepassingen en creëert voor de gebruiker ongewone, maar menselijke ervaringen. De flexibiliteit van composietmaterialen uit versterkte vezels laat vloeiende vormen toe die de gebruiker meevoeren naar spirituele sferen. De organische structuren kunnen, na het uitharden, de veranderende groei van natuurlijke vormen oproepen.

Voor Ross Lovegrove is zijn *Gingko Carbon Table* bovendien een adequate uitdrukking van zijn geloof in wat hij 'organisch essentialisme' noemt: 'the intelligent evolutionary economy of form in union with what you need – nothing more'. Door intelligent om te gaan met textiel of evidenties opnieuw onder de loep te nemen, krijgen de ontwerpen een esthetische en conceptuele gelaagdheid. De producten spelen met individualiteit, toe-eigening, herinnering, verleden, humor, verrassing, ironie. Ook in de huiselijke leefomgeving mogen gebruiksvoorwerpen uitdagen, vertrouwde patronen doorbreken en de bewoner persoonlijk aanspreken. Gebreide mutsen worden zitkussens, lichtobjecten worden even flexibel als pullovers. Er is duidelijk interesse om technologie en functionaliteit te verzoenen met een designbenadering die het materiaal gebruikt om toekomstgerichte 'transformaties' te creëren, maar dan zonder futuristische verpakking. Naast de ecologische duurzaamheid van het materiaalgebruik, de productiewijze en de levensduur van het product is er daarom veel aandacht voor de emotionele duurzaamheid. De woonomgeving wordt een plek waar het leven alle richtingen uitkan, een wilde tuin die harmonieus, gracieus, donker of absurd kan zijn.

Lut Pil, docent Beeldende Kunsten, Sint-Lucas Gent

DESIGN
ERGONOMIE
FIBRES OPTIQUES
FONCTIONNALITE

Dans l'histoire de la conception des produits nouveaux, les développements révolutionnaires dans les matériaux et la technologie ont toujours fortement inspiré les créations innovantes. Aujourd'hui encore, le monde du design destiné à l'habitat fait preuve d'un remarquable dynamisme. Cela se traduit par son expérimentation de nouveaux textiles grâce à la combinaison des principes du monde textile avec les nouvelles connaissances scientifiques. L'interaction multidisciplinaire entre créateurs et scientifiques est primordiale. Sans être des chercheurs chevronnés, les créateurs prennent le temps d'expérimenter à volonté, que ce soit seuls ou en collaborant avec d'autres. Dotés d'une grande ouverture d'esprit et allant à l'encontre des idées reçues, ils réalisent des réinterprétations d'objets classiques qui, par exemple, transgressent les frontières. Pour réaliser son *Pane Chair*, Tokujin Yoshioka a fait cuire dans un four des fibres fines et douces en polyester jusqu'à obtenir une solide structure d'assise, ce qui donne l'impression d'être assis sur de l'air. 'Je voulais créer une chaise totalement nouvelle, qui n'a jamais existé auparavant et qui plairait aux gens' dit le créateur, ayant lui-même trouvé son inspiration dans un article sur les fibres dans la revue *National Geographic*.

Les créateurs se focalisent sur une rencontre intime entre le produit et le corps. Ils désirent que les produits soient sentis, entendus et même joués au travers de leurs qualités tactiles inhabituelles ou dans des applications inattendues. Grâce à un circuit électronique implanté, le textile peut devenir une interface, produisant des notes de musique électroniques au toucher. D'autres créations deviennent des sculptures capables de se développer en installations de qualité architecturale. Dans ces processus innovants, le textile ne vise pas toujours ce qui est classique. Enrichi par des cellules photovoltaïques, des fibres optiques ou des pigments photoluminescents, le textile devient une structure lumineuse, presque comme de la dentelle. Il acquiert ainsi, à l'aide de la technologie digitale ou autre, la possibilité de réagir au mouvement, au son, à la chaleur.

Il devient lui-même lumière, son, odorat, mouvement et incite ainsi l'utilisateur à devenir à son tour plus performant dans un environnement poétique et interactif.

La haute technologie ne se démarque pas outre mesure. L'approche expérimentale et parfois scientifique s'adresse à des applications actuelles là où des expériences inhabituelles, mais néanmoins humaines, sont créées à l'intention du consommateur. La flexibilité des matériaux composites en fibres renforcées fait la part belle aux formes libres. Comme des cocons accueillants, ils entraînent l'utilisateur dans des sphères spirituelles. Les structures organiques ont également le don, après durcissement, de rappeler la croissance changeante des formes naturelles. Pour Ross Lovegrove, sa *Gingko Carbon Table* est, en outre, une expression adéquate de sa croyance en ce qu'il appelle 'l'essentialisme organique' : l'économie intelligente évolutive de la forme, en union avec tout ce dont on a besoin – rien de plus. En maniant les matériaux textiles de façon intelligente ou en repensant des évidences, les créations aboutissent à une réussite esthétique et conceptuelle. Les produits jouent avec l'individualité, l'appropriation, le souvenir, l'histoire, l'humour, l'étonnement, l'ironie. L'espace de vie familial peut à son tour être un lieu où les ustensiles provoquent, dérangent ce qui est familier et s'adressent personnellement à l'habitant. Des bonnets tricotés deviennent des poufs, des objets de lumière deviennent flexibles comme un pull-over.

Il existe un intérêt évident pour concilier technologie et fonctionnalité, avec une approche de la conception qui se sert du matériel pour créer des 'transformations' tournées vers l'avenir, mais sans emballage futuriste. Le résultat peut être fragile ou décoratif. La tradition et la nouvelle technologie se rejoignent sans failles et répondent aux préoccupations des hommes du 21ᵉ siècle. En plus de la durabilité écologique dans l'usage du matériaux, de la méthode de production ainsi que de la durée de vie du produit, l'attention est portée sur une durabilité émotionnelle. L'habitat devient un lieu où la vie peut prendre toutes les directions, un jardin sauvage qui peut être harmonieux, doux, sombre ou absurde.

Lut Pil,
professeur Arts Plastiques
Sint-Lucas, Gand

Optical fibre detail ©Loïc Loewert

DESIGN
ERGONOMICS
OPTIC FIBRES
FUNCTIONALITY

In the history of new product design, revolutionary developments in materials and technology have always greatly inspired innovative creations. Today, the world of design dedicated to the home still demonstrates remarkable dynamism. This is due to its experimentation with new textiles thanks to the combination of principles from the world of textiles with new scientific knowledge.

The interaction between creators and scientists is primordial. Though they are not experienced researchers, the creators take the time to experiment at will, either alone or in collaboration with others. Endowed with a great openness of spirit and seeking out ideas, they conduct reinterpretations of classical objects, which, for example transgress frontiers. In order to create his *Pane Chair*, Tokujin Yoshioka cooked fine soft polyester fibres in an oven until a solid foundation structure was obtained, which gives the impression of sitting on air. 'I wanted to create a totally new chair that had never existed before and that people would like', says its creator, himself having taken inspiration from an article on the fibres in *National Geographic*.

The creators focus on an intimate encounter between the product and the body. They want the products to be felt, understood and even played with, through their unusual tactile qualities or in unexpected applications. Thanks to an implanted electronic circuit, the textile can become an interface, producing musical notes when touched . Other creations become sculptures capable of developing into installations of an architectural quality. Within these processes, textile does not always aim at something classical.

Enriched by photovoltaic cells, optic or photo-luminous fibres, the textile becomes a luminous structure, almost like lace. Thus, with the aid of digital technology or the like, it acquires the possibility to react to movement, sound and heat. It personally becomes light and sound, acquires a sense of smell and movement and thus in turn encourages the user to become more impressive in a poetic and interactive environment. High technology does not distinguish itself excessively. The scientific approach addresses current applications, where uncommon but nevertheless human experiences are created for the consumer. The flexibility of composite materials in reinforced fibres places the emphasis on free forms. Like welcoming cocoons, they lead the user into spiritual spheres. After hardening, the organic structures equally have the ability to remind us of the changing growth of natural forms.

For Ross Lovegrove, his *Gingko Carbon Table* is additionally an appropriate expression of his belief in what he calls 'organic essentialism': 'the intelligent and progressive economy of the form, in union with what you need – nothing more.' By handling the textile materials in an intelligent manner, or rethinking the evidence, the creations have resulted in an aesthetical and conceptual success. The products play with individuality, suitability, memory, history, humour, surprise and irony. The family living space can in turn be a place where the utensils provoke and disturb what is familiar and address the occupant directly. Knitted hats become poufs; flexible lighting objects become pullovers. There is a clear interest to reconcile technology and functionality, while approaching the conception, which serves as material for creating 'transformations' looking towards the future, but without futuristic packaging.

In addition to the ecological durability in using the product, the production method, as well as the product lifespan, attention is drawn towards an emotional durability. The home becomes a place where life can take all directions; it is a wild garden, which can be harmonious, gentle, sombre or absurd.

Lut Pil, professor Fine Arts, Sint-Lucas Ghent

ROSS LOVEGROVE

Gingko Carbon Table

Deze ongelooflijk lichte tafel (3,5 kg), een werkstuk
van de Britse designer Ross Lovegrove, heeft een grote
weerstand en souplesse dankzij haar samenstelling
uit carbonvezels.

Cette table d'une légèreté incroyable (3,5 kg)
est dotée d'une grande résistance et souplesse grâce à
sa composition en fibres de carbone a été créée par le
designer Ross Lovegrove.

This incredibly light, very resistant and supple table
(3.5kg), was created from carbon fibre by the British
designer Ross Lovegrove.

ROSS LOVEGROVE, GINGKO CARBON TABLE, 2007,
150 X 150 X 90 CM, CARBON FIBRE, ©JOHN ROSS

LISET VAN DER SCHEER

Bonnet

Deze buitengewone collectie hoezen voor poefs is
ontworpen door Liset van der Scheer voor Casalis.
De originaliteit ervan ligt in de reeks hoezen die in
een mum van tijd onderling verwisselbaar zijn.

Cette étonnante collection de housses de sièges
a été créée par Liset van der Scheer pour Casalis.
Son originalité réside en une grande déclinaison de
housses en laine mérinos interchangeables en quelques
secondes.

Pouffes from the new Casalis collection by Liset van der
Scheer. The originality is to be found in the covers of
merino wool, which are interchangeable in no time.

LISET VAN DER SCHEER, BONNET, 2007, MERINO WOOL ©CASALIS

BORIS BERLIN

Nobody chair

Nobody ontwaart de 'onverwachte' kant van het leven van een stoel wanneer hij niet wordt gebruikt. De bedekking maskeert de vorm van de stoel en tegelijkertijd maakt hij er allusie op...
De stoel is weg, maar de stof herinnert eraan en behoudt zijn oorspronkelijke vorm.

Nobody montre la vie d'une chaise lors de son inutilisation. Sa couverture composée principalement de bouteilles d'eau recyclées masque la forme de la chaise et en même temps y fait allusion. La chaise n'est plus là, mais l'étoffe se souvient d'elle et en conserve la forme.

Nobody refers to the 'shadow' side of the life of a chair – while not being used. The cover blurs the shape of the chair and at the same time makes an allusion to it... The chair is taken away, but the cloth still remembers the chair and keeps the shape of it.

BORIS BERLIN, NOBODY CHAIR, 2007, COMPOSITE FIBRE OF POLYMER, COPOLYMER, PET FELT, RECYCLABLE MATERIAL PRODUCED TO THE HIGH EXTENT OF USED WATER BOTTLES, HAY, KOMPLOT DENMARK ©BORIS BERLIN

Blobulous Chair

Volgens de designer Karim Rashid zouden onze
levensomstandigheden meer relaxed, zachter en
vloeiender moeten zijn... Hier stralen de felgekleurde
Blobulous-stoelen een positieve energie uit die gepaard
gaat met de sensualiteit van biomorfe vormen.

Selon le créateur Karim Rashid, nos conditions de vie
devraient être plus relaxantes, plus douces et fluides...
Ici, le *Blobulous*, siège brillamment coloré,
dégage une énergie positive mêlée à la sensualité
de formes biomorphiques.

According to the designer Karim Rashid, our living
conditions should be much more relaxed, softer
and more fluid... The brilliantly coloured *Blobulous*
chairs radiate positive energy, mixed with biomorphic
sensuality.

KARIM RASHID, BLOBULOUS CHAIRS LIMITED EDITION 1/6, 2008,
W 1.1M X D.95M X H.88M, FIBERGLASS WITH AUTOMOTIVE CHROME PAINT,
UPHOLSTERED FOAM SEAT, COLLECTION EDIZIONI GALLERIA COLOMBARI
©KARIM RASHID

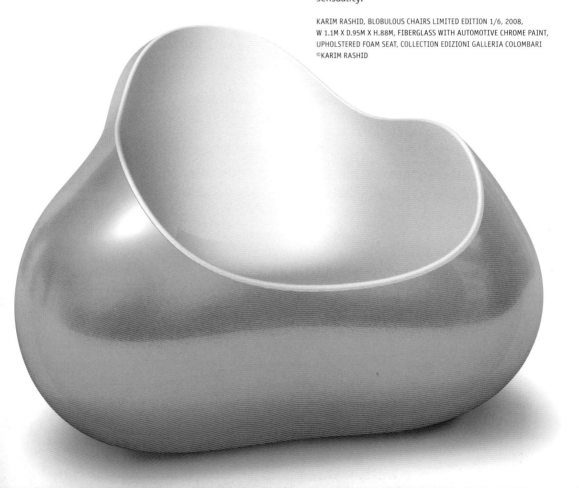

ALBERTO FRIAS

Transport Perceptual Pod

De sensoriële capsule van Alberto Frias creëert
een ruimtelijke omgeving met geluid en licht.
Kleuren, muziek en trillingen laten je even wegdromen.
Een watermatras met een aangename temperatuur
wiegt je lichaam en masseert je rug.

La capsule sensorielle d'Alberto Frias crée un
environnement spatial avec son et lumière et
permet de s'évader à partir de couleurs, de musiques
et de vibrations. Un matelas rempli d'eau à température
régulée berce le corps et masse le dos.

The sensorial capsule by Alberto Frias creates
a spacial sound and light environment. A mixture
of colors, music and vibrations allows people to relax.
A temperature controlled water mattress cradles
your body and massages your back.

ALBERTO FRIAS, TRANSPORT PERCEPTUAL POD, 2007, 198 X 198 X 106 CM,
COMPOSITE FIBERGLASS, FULL SPECTRUM LED LIGHTING SYSTEM, SOUND
SYSTEM, WATER MATTRESS & CUSHION ©ALBERTO FRIAS

DENIS SANTACHIARA

Pisolo

Pisolo, een creatie van designer Denis Santachiara,
is een kruk met een matras van PVC, polyester en lycra.
Ze is opblaasbaar en kan terug leeggepompt worden
met een elektrisch pompje. Deze extra stoel kan ook
dienen als bed, met bijhorende nachttafel.

Pisolo, créé par le designer Denis Santachiara,
est un tabouret qui contient un matelas en PVC,
polyester et lycra, gonflable et dégonflable au moyen
d'une pompe électrique. Ce siège d'appoint offre
un lit improvisé avec sa table de chevet.

Pisolo by Denis Santachiara is a stool containing
a mattress made of PVC, polyester and lycra, which
can be inflated and deflated by means of an electric
pump. This extra seat provides an improvised bed,
with its bedside table.

DENIS SANTACHIARA, PISOLO, 1997,
COLLECTION FRAC NORD-PAS DE CALAIS

FIBERTEX

High Tech Kameleon

Jacquard weefsel, vervaardigd uit een subtiele menging van wol en vlas, is verweven met PMMA, een innovatieve optische vezel. De combinatie van licht en natuurlijke materialen creëren een sfeervol en warm lichtelement.

Dans cette lampe prototype, le tissu jacquard obtenu est un mélange subtil de laine, de lin et de fibres optiques innovantes à base de PMMA (polyméthacrylate de méthyle).

In this prototype lamp the Jacquard fabric is a subtle mix of wool, linen, and innovating optical fibres based on PMMA (Polymethyl-methacrylate)

LAMP WITH OPTIC FIBRES, 2008 ©FIBERTEX
H: 150 CM, W: 70 CM, D: 20 CM OBJECT + TRANSFO 29 CM = TOTAL 49 CM

WEYERS & BORMS

Rain tree

Dit ongebruikelijke en ingenieuze regenreservoir van Hans Weyers en Klaas Borms is een afgietsel van een 150 jaar oude eikenstam in een composiet van polyester en glasvezel. Het reservoir kan tot 400 liter water bevatten.

Créé par Hans Weyers et Klaas Borms, cet insolite et ingénieux réservoir de pluie est réalisé en composite de polyester/fibre de verre et résulte du moulage du tronc d'un chêne de 150 ans. Il peut contenir 400 litres d'eau.

This unusual and ingenious reservoir by Hans Weyers and Klaas Borms is a casting of a 150 year old oak trunk, in polyester/fibre glass. It can contain up to 400 liters of water.

WEYERS & BORMS, QUERCUS RAIN TREE, 2004, 220 X 60 CM, COMPOSITE (GLASS FIBRE, POLYESTER), LACQUER, WATER TAP, BUCKET, VOSSCHEMIE
©WEYERS & BORMS

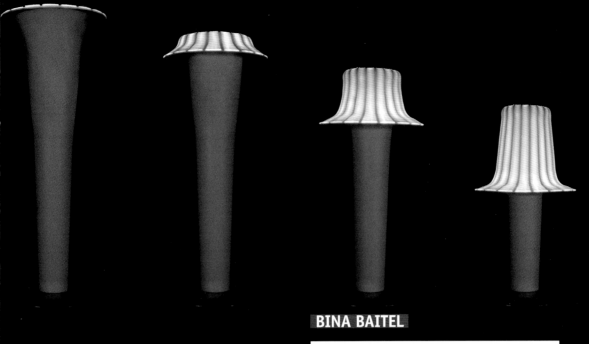

BINA BAITEL

Pull Over Lamp

Architecte en designer Bina Baitel heeft deze lamp van optische vezels ontworpen. Ze kan als een pull met rolkraag omgedraaid worden en zich zo aanpassen aan ons humeur en onze behoeften.

Architecte et designer Bina Baitel a créé cette lampe en tissu de fibres optiques qui se retourne comme un pull à col roulé pour s'adapter à notre humeur et à nos besoins.

This lamp, made from optical fibres, was created by the architect and designer Bina Baitel. It can be turned inside out like a polar necked pullover to adapt to our moods and needs.

BINA BAITEL, PULL OVER LAMP, 2008, 65 X 170 CM, OPTICAL FIBRES WITH LATERAL LIGHTEX LIGHTING, SUPPLE SILICONE, LEDS, METAL STRUCTURE. ASSISTANCE VIA 2008, BROCHIER TECHNOLOGIES, STÉPHANE GÉRARD STUDIOS, COCKPIT AND CRITT CHEMISTRY ENVIRONMENT ©MARIE FLORES

MATALI CRASSET

Decompression Chair

Designer matali crasset ontwerpt regelmatig meubelen
met behulp van nieuwe technologieën. Hier zie je
de *Decompression Chair*, die de klassieke stoel herdenkt
en hem dankzij een opblaasbaar membraan in polyester
transformeert in een zacht zittende clubzetel.

matali crasset, designer, crée régulièrement
des mobiliers explorant de nouvelles typologies.
Ici, la *Decompression Chair* redéfinit la chaise classique
et la transforme grâce à sa membrane en polyester
gonflable en un moelleux fauteuil club.

The designer matali crasset regularly creates furniture
exploring new typologies. Here, the *Decompression
Chair* redefines the classical chair and transforms
it into a soft club armchair, thanks to its inflatable
polyester membrane.

MATALI CRASSET, DECOMPRESSION CHAIR, 2000, BEECH, POLYESTER,
CREATED FOR THE FOUNDATION INTERIEUR COMPETITION AT COURTRAI, 2000
©PATRICK GRIES

DIRK MEYLAERTS

Fashion 4 Chair

De *Fashion 4 Chair* gecreëerd door Dirk Meylaerts rust op een gebogen buis die voornamelijk uit polyester bestaat. Het zitje is bekleed met een composiet dat een hemd bevat.

La *Fashion 4 Chair*, créée par Dirk Meylaert, repose sur un tuyau courbé constitué principalement de polyester. L'assise est recouverte d'un composite qui intègre un vêtement , ici une chemise.

The *Fashion 4 Chair* by Dirk Meylaerts is resting on a curved tube, constituted mainly of polyester. The seat is covered with composite material in which a shirt has been integrated.

DIRK MEYLAERTS, FASHION 4 CHAIR, 2005, 45 X 45 X 86 CM, STEEL, POLYESTER, CLOTHES USED AS COMPOSITE MATERIAL ©DIRK MEYLAERTS

DANIEL BUREN SANS TITRE

In 2006 heeft Daniel Buren voor het eerst zijn optische vezeldoek voorgesteld in Lille. Sindsdien is een heel oeuvre ontstaan: *Que la lumière soit*. Geen enkel licht is bijkomstig, het kunstwerk is zelf de lichtgevende bron waardoor het zichtbaar wordt.

Daniel Buren a créé et présenté à Lille en 2006 sa première toile en fibre optique. Depuis, une série d'œuvres a été réalisée : *Que la lumière soit*. Aucune lumière accessoire, l'œuvre est elle-même la source lumineuse qui la rend visible.

In 2006, Daniel Buren showed his optical fibre tissue for the first time in Lille. Ever since, a series of works has been realised: *Que la lumière soit* (Let there be light). Without auxiliary light, the work itself is the luminous source which renders it visible.

SANS TITRE, CREATED FOR FUTUROTEXTILES, 2006, 300 X 300 CM, OPTICAL FIBRES, LEDS, BROCHIER SOIERIES AND ART ENTREPRISE, LILLE3000
©MAXIME DUFOUR PHOTOGRAPHIES

BUILDTEX

ISOLATIE SPINNENWEB
TWEEDE HUID
SOUPLESSE
FOTOVOLTAISCH

Sinds mensenheugenis worden stoffen gebruikt als vorm van beschutting. Ze bestaan in allerlei maten en vormen: kleine (tipi's), aanpasbare (toldo), transporteerbare (circustenten), grote overspanningen (velum op het Colosseum in Rome), zonnewerende (parasol) of thermisch geïsoleerde constructies (joert). Verschillende architecten (Otto Frei, Bodo Rasch…) en ingenieurs (Horst Berger, Jörg Schlaich…) hebben sinds de 20ste eeuw het technisch textiel een plaats gegeven als volwaardig bouwmateriaal tussen de gevestigde waarden zoals steen, staal, beton en glas. De meerwaarde van technisch textiel is zijn geringe gewicht.

Textiel van natuurlijke vezels heeft een beperkte levensduur en een beperkte stevigheid. Nieuwe synthetische vezels en top-coatings zorgen ervoor dat het technisch textiel voldoet aan heel specifieke eisen met betrekking tot textuur, uitzicht, kleur, vouwbaarheid, transparantie, selectieve reflectie van straling, zelfreiniging, akoestische of thermische isolatie, hoge resistentie voor het lassen en integratie van fotovoltaïsche cellen. Naargelang het materiaal en de omgevingscondities heeft technisch textiel een levensduur van 20 tot 35 jaar. Textiel wordt een multifunctionele component die in functie van de toepassing kan aangepast of bijgesteld worden. De blijvende zoektocht naar kwaliteit en finesse wordt ondersteund door onderzoeksprojecten (www.contex-t.eu) en thematische netwerken (www.tensinet.com).

Textiel blijft natuurlijk wel een soepel materiaal: om het te kunnen inzetten in een gebouw wordt het in een dubbel gekromde vorm opgespannen. Die spanning kan men aanbrengen in het oppervlak (zoals in een geopende paraplu) of door interne druk (zoals in een ballon). De vormen zijn 'evenwichtsvormen', net zoals een spinnenweb of een zeepbel zich kunnen vasthechten aan een willekeurig oppervlak. De pioniers in de textielarchitectuur pleitten voor expressieve krommingen en realiseerden in het oog springende constructies. Ook nu nog kan men met een goed gekromde vorm de belasting op een efficiënte manier op de steunpunten overdragen. Nochtans is er een trend naar nauwelijks gekromde constructies. Deze zijn realiseerbaar wanneer de stof over kortere afstanden voldoende wordt voorgespannen. Naast de evolutie in de technische weefsels en coatings zijn ook de berekeningstechnieken en de softwaretools verbeterd. Zowel architecten, ingenieurs, fabrikanten, constructeurs als aannemers hebben toegang tot aangepaste apparatuur, sturings-, analyse- en tekenprogramma's. Om tot een geslaagd resultaat te komen is het essentieel dat alle betrokkenen van bij de start van het ontwerp samenwerken. Ook het transport, de montage of de verankering dienen in het ontwerp opgenomen te worden.

Gespannen textiel wordt steeds vaker toegepast in de bouwsector. Waar de architectuur zich in de jaren 1930 toespitste op tijdelijke constructies, worden nu meer 'permanente' projecten gerealiseerd zoals shopping centra, culturele gebouwen, stadia, scholen, enz. Gespannen textiel past in de huidige evolutie naar meer organische vormen. Door de natuurlijke vormentaal kan textielarchitectuur zich probleemloos positioneren naast massieve volumes, waar het dankzij zijn lichtheid (zowel letterlijk als figuurlijk) een contrast kan realiseren t.o.v. meer imposante constructies. Ook in het gebruik van textiel als tweede huid kan creativiteit en respect voor de omgeving samengaan.

Professor Marijke Mollaert
Vakgroep Architectonische ingenieurswetenschappen
Vrije Universiteit Brussel

105

ISOLATION TOILE D'ARAIGNÉE
SECONDE PEAU
SOUPLESSE
PHOTOVOLTAÏQUE

Depuis la nuit des temps, l'étoffe tissée est utilisée pour la construction d'abris de tout type : les petits (tipis), les adaptables (toile), les transportables (chapiteaux de cirque), les grandes tentures (velum sur le Colisée de Rome), les simples pare-soleil (parasols) ou encore les constructions thermiquement isolées (yourtes). Plusieurs architectes (Frei Otto, Bodo Rash...) et ingénieurs (Horst Berger, Jörg Schlaich...) ont depuis le milieu du 20ᵉ siècle accordé au textile technique une vraie place en tant que matériau de construction à part entière, au même titre que les matériaux de référence tels que la pierre, l'acier, le béton et le verre. La principale plus-value apportée par le textile technique est son moindre poids.

Le textile en fibres naturelles bénéficie d'une durée de vie et d'une solidité limitées. L'utilisation des nouvelles fibres synthétiques (polyester, verre ou polytetrafluorethy-lène extrudé), des revêtements (polyvinylchloridrique, polytetrafluoréthylène, silicone ou polyuréthane) et des revêtements de surface permettent au textile technique de répondre aux exigences spécifiques dans les domaines suivants : la texture, l'apparence, la couleur, la pliabilité, la transparence, la réflexion différenciée des rayonnements (en fonction de la longueur des ondes), l'autonettoyabilité, l'isolation acoustique ou thermique, la haute résistance qui permet la soudure et enfin l'intégration de cellules photovoltaïques. Quant à la durée de vie, selon le matériau et les conditions d'environnement on prévoit une période fiable de 20 à 35 ans sans apparition de quelques problèmes que ce soit. Le textile devient une composante multifonctionnelle, adaptable ou réajustable en fonction de l'application qu'on lui attribue. La recherche constante de la qualité et de la finesse est déclenchée par des projets

Nicholas Grimshaw, Eden Project,
2001, Dyneon (TM) ETFE Fluorothermoplastic membrane,
developed by Nowofol/Foiltec ©Vector Foiltec GmbH

de recherche collectifs (www.contex-t.eu) et des réseaux thématiques (ww.tensinet.com).

Bien évidemment, le textile demeure un matériau souple : afin de pouvoir l'insérer dans un bâtiment, il est tendu en double courbe. On introduit la tension sur toute la superficie (comme dans un parapluie ouvert) ou par le biais d'une pression interne (comme dans un ballon). Les formes sont des 'formes d'équilibre', à l'image d'une toile d'araignée ou d'une bulle de savon, pouvant s'accrocher à n'importe quelle paroi. Les pionniers de l'architecture textile mirent l'accent sur des courbes expressives et des constructions hors du commun. Aujourd'hui encore, il est possible de répartir la pression (neige ou vent) de manière efficace sur les points d'appui grâce à une courbure adaptée. Néanmoins, la tendance est aux constructions à peine courbées. Celles-ci sont réalisables lorsque le tissu est suffisamment pré-tendu sur des distances plus courtes.

En plus de l'évolution dans le monde des fibres techniques et de leurs revêtements, il y a une amélioration des techniques de calcul ainsi que des outils informatiques. Que ce soient les architectes, les ingénieurs, les fabricants, les constructeurs ou entrepreneurs, tous ont accès aux logiciels, aux programmes d'exploitation, d'analyse et de dessins adaptés. Pour obtenir un résultat satisfaisant, il est indispensable que tous les acteurs du projet collaborent dès le départ. Il faut également intégrer les facteurs transport, montage ou ancrage. Tous ces éléments restent accessibles, de façon à ce que les créateurs puissent s'assurer d'une fluidité dans le processus de tension, de bordage et de raccordement des textiles.

Le textile tendu est utilisé de plus en plus pour diverses applications de construction. Là où dans les années 1930, l'architecture se concentrait sur des constructions éphémères, aujourd'hui, de plus en plus de projets 'permanents' sont réalisés comme des centres commerciaux, des bâtiments culturels, des stades, des écoles, etc. Dans la tendance actuelle, le textile tendu s'oriente vers des formes plus organiques. Grâce au langage naturel des formes, l'architecture textile peut trouver facilement sa place aux côtés de volumes massifs ou, grâce à sa légèreté (au sens concret comme figuré), elle est capable de créer un contraste harmonieux aux côtés de structures plus imposantes. Ajoutons que l'utilisation du textile comme seconde peau permet de concilier la créativité et le respect de l'environnement existant.

Les possibilités d'application de l'architecture textile sont donc loin d'être épuisées. C'est en conjuguant les efforts d'une meilleure compréhension des propriétés du matériau, avec l'inventivité des créateurs ainsi que la recherche pertinente de bâtiments 'économiquement responsables' que nous 'tisserons' les chapiteaux de l'avenir !

Prof. Marijke Mollaert
Groupe de travail Sciences d'ingénierie
en architectonique
Université Libre de Bruxelles

ISOLATION SPIDER'S WEB
SECOND SKIN
SUPPLENESS
PHOTOVOLTAIC

Since the dawning of time, woven materials have been used for the construction of all sorts of shelter: small ones (tipis), adaptable ones (canvas), transportable ones (circus marquees), large canvas covers (the Velum in the Colosseum of Rome), simple sunscreens (parasols) or even thermally isolated buildings (yurts). Since the middle of the 20th century, several architects (Frei Otto Frei, Bodo Rasch....) and engineers (Horst Berger, Jörg Schlaich...) have granted technical textiles a real place as a fully-fledged building material, just like the reference materials of stone, steel, concrete and glass, etc. The main added value provided by technical textiles is their lower weight.

Textiles from natural fibres have a limited lifespan and solidity. The use of new synthetic fibres, coatings and surface coatings, enable the technical textile to respond to the specific demands in the following areas: texture, appearance, colour, malleability, transparency, differentiated reflection of radiation, self-cleaning, acoustic and thermal insulation, the high resistance that would enable soldering and finally, the integration of photovoltaic cells. In terms of the lifespan, depending on the material and environmental conditions, a reliable period of 20 to 35 years is predicted, without the appearance of any kind of problems. The textile becomes a multi-functional component, which is adaptable or re-adjustable according to the application to which it is assigned. Ongoing research into the quality and finesse is triggered by research collective (www.contex-t.eu) and thematic networks (www.tensinet.com).

Evidently, the textile remains a supple support in order for it to be inserted into a building; hence, it is forced into a double curve. Tension is applied to the whole surface (like in an open umbrella) or by means of internal pressure (like in a balloon). The forms are 'forms of equilibrium', in the image of a spider's web or a soap bubble, capable of adhering to any surface. The pioneers of architectural textiles emphasise expressive curves and unusual constructions. Nowadays, it is possible to divide the pressure efficiently between the support points, thanks to an adapted curvature. Nevertheless, the tendency is towards constructions that are barely curved. These are realisable, when the material is sufficiently pre-tensed over shorter distances. In addition to progress in the world of technical fibres and their coatings, an improvement has equally been attained in calculation techniques as well as information technology tools. Architects, engineers, manufacturers, builders and entrepreneurs all have access to specialised computer programmes and systems for analysis and design. In order to obtain a satisfying result, it is essential that all the players in the project collaborate from the outset. Transport, assembly and anchorage factors must equally be integrated.

Tensed textiles are used for diverse applications in construction. While in the 1930s, architecture concentrated on ephemeral constructions, ever more 'permanent' projects are initiated in shopping centres, cultural buildings, stadiums and schools, etc. In the current tendency, tensed textiles are oriented towards more organic forms. Thanks to the natural language of forms, architectural textiles can easily find their place beside the massive volumes, where, thanks to their lightness (both concretely and figuratively), they are capable of creating a contrast beside more imposing structures. We add the fact that the use of textiles as a second skin facilitates a reconciliation between creativity and the current respect for the environment.

Prof. Marijke Mollaert
Department of Architectural Engineering Sciences
Vrije Universiteit Brussels

108

SHIGERU BAN ET JEAN DE GASTINES

Centre Pompidou-Metz

Het Centre Pompidou-Metz is een prachtig voorbeeld van textielarchitectuur. Het dak vormt een zeshoek van 90 meter breed en is bedekt met een membraan op basis van glasvezel en Teflon dat waterdichtheid verzekert en een gematigd klimaat creëert.

Le Centre Pompidou-Metz est un admirable exemple d'architecture textile : la toiture, un hexagone de 90 mètres de large, est recouverte d'une membrane à base de fibre de verre et de Teflon, assurant l'étanchéité et créant un environnement tempéré.

The Centre Pompidou-Metz is an splendid example of textile architecture. The roof forms a 90 meter wide hexagon and is covered with a membrane of glas and Teflon, accounting for a perfectly waterproof roof and a pleasant climate.

©CA2M, SHIGERU BAN ARCHITECTS EUROPE AND JEAN DE GASTINES, ARTEFACTORY

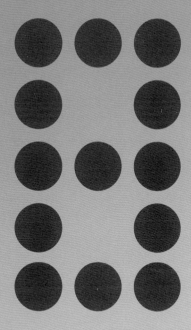

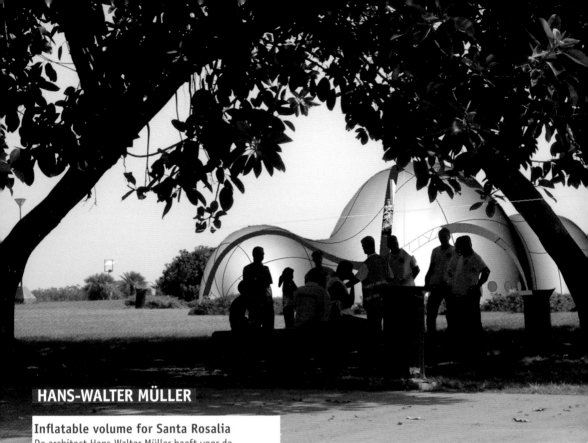

HANS-WALTER MÜLLER

Inflatable volume for Santa Rosalia

De architect Hans-Walter Müller heeft voor de
stad Palermo dit opblaasbaar bouwwerk ontworpen
voor de permanente presentatie van het beeld van
de Heilige Rosalie, patrones van de stad.

L'architecte Hans-Walter Müller a conçu pour la ville
de Palerme ce projet d'architecture gonflable en PVC
armé polyester, pour une présentation permanente de
la statue de Sainte Rosalie, patronne de Palerme.

For the town of Palerme, the architect Hans-Walter
Müller conceived this inflatable piece of architecture,
made from PVC reinforced polyester. It is meant to be
a permanent representation of the town's patron,
Sainte Rosalie.

HANS-WALTER MÜLLER, INFLATABLE VOLUME FOR SANTA ROSALIA,
PALERMO, 2008 ©PHOTOMONTAGE HANS-WALTER MÜLLER

MASSIMILIANO FUKSAS

Zenith, Strasbourg

Dit gebouw bestaat uit een hall in beton die wordt omsloten door een lichte, metalen constructie. Het dynamische effect van dit bouwwerk wordt benadrukt door het doorschijnende textielmembraan die de structuur verbergt en indrukwekkende lichteffecten creëert.

Ce bâtiment est constitué d'un hall en béton entouré d'une construction légère en métal, procurant une forme dynamique à l'ensemble. Cet effet est accentué par la membrane en textile transparent qui occulte la structure et crée des effets de lumière impressionnants.

This building is made of a concrete hall, surrounded by a light metal construction. The dynamic effect of the construction is confirmed by a transparent textile membrane, hiding the metal construction whilst creating impressive light effects.

ZÉNITH STRASBOURG, MASSIMILIANO FUKSAS ARCHITETTO, 2007, FORM TL, CANOBBIO ©2007-WWW.OPTIMA_PHOTO.COM

PABLO REINOSO

La Parole

La Parole van Pablo Reinoso is een vraagstelling over de manier waarop men zichzelf en de anderen beschouwt. De soepele, opblaasbare textielcocon maakt een nieuwe benadering van menselijke relaties en een paradoxaal introspectieve conversatiemanier mogelijk.

La Parole, œuvre de Pablo Reinoso, questionne le regard sur soi-même et les autres. Cocon textile souple gonflé d'air, l'œuvre permet une nouvelle approche des rapports humains et un mode de conversation paradoxalement introspectif.

La Parole, by Pablo Reinoso, questions the way in which people look at themselves and others. A supple, inflatable textile cocoon starts off a new approach on human relationships as well as a paradoxically introspective way of communicating with each other.

PABLO REINOSO, LA PAROLE, 1998, 620 X 200 CM DIAMETER ©LUIS ROS

GEOTEX

GEODETECTIE
VERSTEVIGING
FILTRERING
HERBEPLANTING

In de uitgebreide groep van 'geosynthetische' producten vinden we de geotextielen. Bij hun fabricatie wordt een beroep gedaan op verschillende technieken, zoals het weven, het breien, het vernaalden en andere fabricatietechnieken voor niet-geweven weefsels. Daarnaast maken geotextielen ook gebruik van synthetische vezels, voornamelijk polypropyleen, en van natuurlijke vezels zoals jute, kokos, enz. Momenteel vind je nog maar weinig constructies waar geen geotextiel wordt gebruikt. De bouwingenieur beschikt tegenwoordig over een grote waaier aan producten die afgestemd zijn op een specifiek gebruik.

De rol van de geotextielen bestaat erin de broze geosynthetische membranen te beschermen tegen eventuele perforatie door scherpe objecten in de ondergrond. Deze membranen vormen de waterdichte laag in constructies (onweersbekkens, waterreservoirs, afvalopslagplaatsen, retentiebekkens voor industrieel afvalwater) en vormen een buffer tegen ondergrondse vervuiling. Men maakt vooral gebruik van niet-geweven, verstrengelde vezels van polypropyleen omdat deze door hun dikte en densiteit uiterst geschikt zijn als bescherming tegen perforatie. Daarenboven kunnen ze uitgerust worden met een systeem dat lekken detecteert (geodetectie).

Voor de versteveging maakt men gebruik van de mechanische eigenschappen van textiel. Weinig dragende bodems onder straten, spoorwegen of vliegtuigpistes worden versterkt d.m.v. geweven geotextiele vliezen, die dankzij hun hoge weerstand de draagkracht verbeteren. Een speciale toepassing ervan is de bodemversterking in zones met instortingsgevaar, bv. in oude steengroeven of lege ruimtes tussen kalklagen.

Zeer stevige geotextiele vliezen, waarvoor men para-aramidevezels zoals Kevlar gebruikt, worden onder het wegdek of de sporen geplaatst. In geval van instorting van de ondergrond houden deze vliezen alle bovenliggende materialen tegen, zonder dat de vervorming aan de oppervlakte schadelijke invloed heeft op het weg- of treinverkeer.

Door het verstevigen van hellingen en steunberen van bruggen kan men de draagwijdte vergroten, de impact op de bodem verminderen en tijd winnen bij het bouwen. In plaats van een massieve betonconstructie te bouwen, creëert men een helling met behulp van geotextiele vliezen die naargelang de constructie op regelmatige afstand geplaatst worden. De geplooide hoeken van de vliezen vormen een voorgevel uit textiel, die men kan bezaaien of bekleden. Op deze manier is het mogelijk bijna verticale hellingen van 40 m hoog te construeren.

Voor filtering wordt dik, voornamelijk niet-geweven geotextiel gebruikt. Het wordt o.a. gebruikt bij waterbouwwerken, voor de bescherming van kusten en rivieroevers, in combinatie met breuksteenbeddingen of geo-containers (textielen voorzien van een dubbele wand die men kan opvullen met ballast, meestal beton). Zo kan men het verlies van fijne deeltjes voorkomen en erosie tegengaan. De verbetering van spoorwegfunderingen is een typisch voorbeeld van de scheidingsfunctie van geotextiel. Het geotextiel verhindert dat fijne partikeltjes uit de ondergrond in de ballast terechtkomen, zodat deze elastisch blijft.

De bescherming van de bodem tegen erosie (door wind, regen, zee of rivier) is een van de disciplines waarin de laatste tijd een grote vooruitgang werd geboekt: erosie van hellingen door regenwater, erosie van kanalen en waterwegen door de doortocht van binnenschepen, of erosie van skipistes. Om erosie en milieubeschadiging tegen te gaan worden hellingen herbeplant met 'geomats' (nietgeweven met een zeer open structuur) en 'biomats' (natuurlijke vezels die na enkele jaren afslijten), die eventueel vooraf ingezaaid werden.

Jean-François Dhennin

GÉODÉTECTION
RENFORT
FILTRATION
REVÉGÉTALISATION

Dans la vaste classe des produits connus sous le nom de géosynthétiques, les géotextiles se distinguent par le fait qu'ils font appel pour leur fabrication à des technologies textiles comme le tissage, le tricotage, l'aiguilletage et les autres techniques de fabrication de non-tissés et à des fibres synthétiques, principalement le polypropylène, mais aussi naturelles comme le jute, le coco, etc. De nos jours, il est peu d'ouvrages de génie civil qui ne fassent appel à un géotextile d'une façon ou d'une autre, et l'ingénieur en travaux publics dispose aujourd'hui d'une vaste gamme de produits répondant à une utilisation précise dans les ouvrages.

Le rôle des géotextiles dans ce cas est de protéger les fragiles membranes géosynthétiques de la perforation par des éléments pointus éventuellement présents dans le sous-sol. Ces membranes forment la barrière étanche dans de nombreux ouvrages (les bassins d'orage, les réservoirs d'eau, les centres d'enfouissement de déchets, les bassins de rétention d'effluents industriels) et sont le rempart contre la pollution du sous-sol. Les textiles utilisés sont principalement des non-tissés de fibres de polypropylène enchevêtrées, leurs caractéristiques principales pour assurer le non-poinçonnement de la membrane étant l'épaisseur et la densité. Ils peuvent être dotés à la fabrication d'un système de détection de fuites (géodétection).

Ici, ce sont les propriétés mécaniques du textile qui sont mises à contribution. On renforce ainsi les sols peu porteurs sous les routes, voies ferrées ou pistes d'aviation par des nappes de géotextiles tissées à forte résistance pour améliorer leur portance. Une application particulière est le renfort du sol dans les zones où le risque d'effondrements localisés du fait de la présence d'anciennes carrières ou simplement de vides dans des couches de calcaire n'est pas nul.

Des nappes de géotextiles à très forte ténacité (on utilise alors des fibres de para-aramide comme le Kevlar) sont disposées sous les chaussées ou sous les rails. En cas d'effondrement du sous-sol, ces nappes contiendront les matériaux posés sur elles sans que la déformation en surface ne soit préjudiciable au trafic routier ou ferroviaire.

Le raidissement des talus et des culées de ponts permet de gagner sur la longueur des portées, de limiter l'emprise au sol et de gagner en temps de construction. Plutôt que de construire un ouvrage massif en béton, on érige le talus en disposant des nappes géotextiles à distances régulières au fur et à mesure de sa construction. Les retours des nappes repliées dans le talus forment une façade entièrement textile qui pourra être éventuellement ensemencée ou cachée par un parement. Des talus de 40 mètres de hauteur, pratiquement verticaux, sont ainsi réalisables.

La fonction filtration est généralement réalisée par des géotextiles épais, principalement du type non-tissé. Ainsi, des géotextiles de filtration sont utilisés dans les ouvrages hydrauliques pour la protection des côtes et des berges de rivière, en association avec des enrochements ou des géocontainers (textiles double paroi que l'on peut remplir de lest, généralement du béton), pour éviter la perte de particules fines et l'érosion par lavage.

La protection des sols contre l'érosion (éolienne, pluviale, maritime, fluviale) est la discipline qui a connu une des plus fortes croissances dernièrement : érosion pluviale des talus de génie civil, érosion des canaux et voies navigables due au passage des péniches, érosion des pistes de ski à l'esthétique peu flatteuse en été. La solution à l'érosion et à la défiguration environnementale passe par la révégétalisation des pentes au moyen de géomats (non-tissés à structure très ouverte) et de biomats (fibres naturelles se dégradant au bout de quelques années) éventuellement pré-ensemencés.

Jean-François Dhennin

GEODETECTION
REINFORCEMENT
FILTRATION
REVEGETATION

Within the vast class of products known under the name of 'geosynthetics', the geotextiles are distinguished from the rest, due to the fact that for their production, they call upon textile techniques, such as weaving, knitting, tufting and other non-woven production techniques. Moreover, they use synthetic fibres, mainly polypropylene, and natural ones such as jute, coconut, etc. Nowadays, there are not many civil engineering works that don't rely on a geotextile in one way or another and the construction engineer has a wide range of products that are applicable to a specific use in the works.

The role of geotextiles is to protect the fragile geosynthetic membranes from perforation by sharp elements that could be present in the soil. These membranes form a waterproof barrier in numerous works (storm basins, water reservoirs, landfill sites, basins for the retention of industrial effluents…) and are the bastion against soil contamination. The textiles used are mainly non-woven entwined polypropylene fibres, their thickness and density being the principal characteristics preventing the membrane from being punctured. Moreover, they can be equipped with a system to detect leakages (geodetection).

For the reinforcement, the mechanical properties of the textile are involved. Thus soils with a low load bearing capacity underneath highways, railways and runways are reinforced with layers of highly resistant woven geotextiles to improve their load bearing capacity. A specific application is the reinforcement of soils in zones with a risk of localised subsidence due to the presence of old quarries or simply voids in the limestone strata. Layers of very high tenacity geotextiles (para-aramid fibres, such as Kevlar are used for this) are placed under the roads or rails. In the case of ground subsidence, these layers contain materials placed over them such that any surface deformation does not affect the road or rail traffic.

Hardening embankments and bridge abutments enables gains to be made in terms of the span length, reducing the ground coverage and decreasing the construction period. Rather than building an enormous concrete work, the embankment is established by placing geotextile layers at regular distances, as the construction advances.

Layers are folded back into the embankment, forming an entirely textile façade, which could eventually be seeded with vegetation or hidden by a facing. Practically vertical embankments measuring forty metres high are also possible.

The filtration function is generally fulfilled by mainly non-woven thick geotextiles. Thus, filtration geotextiles are used in hydraulic works to protect the hills and riverbanks, in combination with rip-raps or geocontainers (double-walled textiles that can be filled with ballast, which is generally concrete), to prevent the loss of fine particles and runoff erosion.

Protecting soils from erosion (aeolian, pluvial, maritime, and fluvial) is the field that has experienced the most growth recently, particularly concerning the pluvial erosion of the civil engineering embankments, the erosion of canals and navigable channels due to the passage of barges and the erosion of ski slopes, with a less than flattering appearance in summer. The solution to erosion and the disfigurement of the environment passes through the revegetation of slopes by using geomats (non-woven with a very open structure) and biomats (natural fibres that decompose after several years) enabling planting.

Jean-François Dhennin

DESSO

Greening the city

Kunstgras enkel op het sportveld? Niet lang meer. Met kunstgras zorgt men in een handomdraai voor een aantrekkelijk stadsbeeld, een makkelijk te onderhouden tuin of een stijlvol dakterras.

Le gazon artificiel uniquement réservé aux terrains de sport ? Plus pour très longtemps. Grâce à lui, on peut créer, en un clin d'œil, une image agréable de la ville ou un jardin facile à entretenir, ou encore une terrasse de toit 'branchée'.

Artificial grass is not restricted to sports fields any longer. Artificial grass contributes to an attractive townscape, an easy-to-keep garden or a stylish roof garden.

GREENING THE CITY – DESSO BUENAVISTA ARTIFICIAL GRASS, 2008, ©WWW.DESSO.BE

LUCY AND BART

Germination

Lucy McRae en Bart Hess delen dezelfde fascinatie voor eigenaardige genetische manipulaties die geassocieerd zijn met mode, architectuur en performance. Hier creëren ze menselijke vormen die tegelijk primitief en futuristisch zijn en ingepakt zijn in een vreemde plantaardige huid.

Lucy McRae et Bart Hess partagent la même fascination pour de curieuses manipulations génétiques associées à la mode, l'architecture et la performance. Ils créent ici des formes humaines à la fois primitives et futuristes enveloppées d'une étrange peau végétale.

LucyandBart is a collaboration between Lucy McRae and Bart Hess described as an instinctual stalking of fashion, architecture, performance and the body. LucyandBart share their fascination with peculiar genetic manipulation, associated with fashion, architecture and performance. The human shapes they create, primitive and futuristic at the same time, are wrapped into a strange vegetable skin.

LUCY AND BART (LUCY MCRAE AND BART HESS),
GERMINATION, 2008 ©WWW.LUCYANDBART.BLOGSPOT.COM

DE ONTDEKKING VAN TEXTIEL

WAT IS 'TEXTIEL'?

Textiel is de algemene term voor elk product dat uit textielvezels bestaat, puur of gemengd, in elk stadium van zijn fabricage of gebruik.

WAT ZIJN 'VEZELS'?

Vezels zijn ofwel natuurlijk, plantaardig (katoen, linnen, jute, hennep, sisal…), dierlijk (wol, zijde, angora …) of mineraal (asbest). Ze kunnen ook chemisch artificieel zijn, waarbij de grondstof evenwel natuurlijk is (celloviscose, glas-, keramiek- of basaltvezels…). Ten slotte bestaan er ook vezels van chemisch synthetische aard, waarbij de grondstof petroleum is (nylon, polyester, polypropyleen, polyethyleen, acryl, aramide…).

Al deze vezels worden verwerkt tot stoffen en worden gespannen, gewrongen, geweven, gebreid of gevlochten. Er bestaat ook niet-geweven textiel of textiel gemaakt uit composietmateriaal.

De behandelingen die de stoffen ondergaan, worden steeds gesofisticeerder: stoffen worden gekleurd en opgemaakt, gecoat, vastgeplakt en micro-ingekapseld. Het hoeft dan ook niet te verbazen dat ze steeds vaker het onderzoeksobject vormen van allerlei diensten voor Onderzoek en Ontwikkeling.

Aankleden, versieren, verfraaien, beschermen, verbinden, opheffen, verpakken, vervoeren, stouwen, tegenhouden, versterken, communiceren, licht geven, waarschuwen…, dit zijn maar enkele functies van textiel.

TEXTIEL WORDT ONDERVERDEELD IN VERSCHILLENDE GROTE GROEPEN:

1 de markt van de confectie. Tot deze aanbodsmarkt behoren voornamelijk kledij, linnengoed en meubilering.

2 een andere aanbodsmarkt, die eerder gericht is op weefsels voor technisch gebruik, en die de laatste jaren een enorme vooruitgang heeft geboekt, is die van de niet-geweven textiel. We vinden er hoofdzakelijk alle producten bestemd voor hygiëne en onderhoud (wattenschijfjes, babyluiers, onderhouds- en reinigingsdoekjes…). Deze 'massamarkten' zijn universeel, hun distributie is meestal in handen van grote ketens en ze groeien op het ritme van de wereldbevolking en de evolutie van de koopkracht.

3 Ten slotte zijn er de technische weefsels, een markt in volle groei, die haar limieten nog lang niet bereikt heeft. Het gaat hier niet meer over een aanbodsmarkt, maar wel over een 'antwoordmarkt'. De doelstelling ervan is een product te vervaardigen dat volmaakt beantwoordt aan het lastenboek van de klant. In deze markt is men dikwijls verplicht nieuwe moleculen, draden of stofstructuren uit te vinden, soms zelfs nieuwe machines of behandelingen om de oppervlakte van de stoffen te veredelen.

Om aan dergelijke lastenboeken te kunnen beantwoorden ziet de textielindustrie zich genoodzaakt samen te werken met andere beroepen (kunststoffenverwerking, elektronica, farmacie, enz.). Het is bovendien onontbeerlijk het 'gedrag' van een stof volledig te begrijpen, en dit in functie van de omstandigheden. Men heeft daarom een beroep gedaan op reken-, onderzoeks- en certificatiecentra, want vergissingen worden niet aanvaard.

Ten slotte willen we hier ook wijzen op het belang van netwerken van bedrijven, beroepen en competenties op Europees of wereldniveau.

Pierre Delvoye
CLUBTEX

Daniele Bossi: Collection
"HAUTE ORDURE – AUTRE COUTURE",
"Embouteillages", 1997,
RECYCLED BOTTLES
©BOSSI-ICDI

EN PREMIER LIEU, QUE SIGNIFIE LE MOT 'TEXTILE' ?

C'est le terme générique qui désigne tout produit composé de fibres textiles, pures ou en mélange, à tous les stades de sa fabrication ou de son utilisation.

QU'ENTEND-ON PAR FIBRES ?

Elles peuvent être naturelles, végétales (coton, lin, jute, chanvre, sisal…), animales (laine, soie, angora…) ou minérales (asbeste). Elles peuvent être chimiques et artificielles, dont la matière première est naturelle (les viscoses de cellulose, les fibres de verre, de céramique ou de basalte…). Elles peuvent être chimiques et synthétiques, dont la matière première est le pétrole (nylon, polyester, polypropylène, polyéthylène, acryliques, aramide…).

Ces fibres deviennent étoffes en étant filées, retordues, tissées, tricotées, tressées et parfois non tissées ou en composites. Teintées et apprêtées, enduites, contrecollées, microencapsulées, les étoffes produites sont l'objet de traitements de plus en plus sophistiqués et d'attentions particulières des bureaux de recherche et de développement. Vêtir, décorer, embellir, protéger, lier, lever, emballer, transporter, arrimer, retenir, renforcer, communiquer, éclairer, avertir… voici quelques fonctions du textile.

LE MARCHÉ DU TEXTILE SE DIVISE EN PLUSIEURS GRANDES PARTIES:

1 Le marché de la confection, essentiellement vêtement, linge de maison et ameublement. C'est un marché d'offre.

2 Un autre marché d'offre mais orienté vers les textiles à usages techniques a pris un essor considérable avec les non-tissés. Nous y trouvons principalement tous les produits destinés à l'hygiène et à l'entretien (cotons à démaquiller, couches-culottes pour bébés, lingettes d'entretien et de nettoyage…). Ces marchés 'de masse' sont universels, leur distribution est largement dominée par les grandes chaînes et ils croissent au rythme de l'accroissement de la population mondiale et de l'évolution du pouvoir d'achat de cette population.

3 Enfin, les textiles techniques, un marché émergent dont nous ne connaissons pas les limites. Il ne s'agit plus d'un marché d'offre, mais bien d'un marché de 'réponse'. Il s'agit de créer un produit qui répond parfaitement au cahier des charges du client. Ceci impose souvent d'inventer de nouvelles molécules, de nouveaux fils, de nouvelles structures d'étoffes, parfois de nouvelles machines, d'autres traitements de surface d'ennoblissement.

Cela impose aussi aux industriels du textile de s'associer avec d'autres métiers (la plasturgie, l'électronique, la pharmacie, etc.) pour répondre à ce cahier des charges. Cela impose également de connaître parfaitement le 'comportement' des étoffes en fonction des conditions auxquelles elles seront soumises : il est fait appel à des centres de calcul, de recherche et de certification. Les marges d'erreur ne sont pas admises. Cela impose donc aussi de travailler en réseau : réseaux d'entreprises, réseaux de métiers, de compétences, à une échelle européenne et parfois mondiale.

Pierre Delvoye
CLUBTEX

© INGRID DE SMUL

© M. THONNERAT ALVES

DISCOVERING TEXTILES

IN THE FIRST PLACE, WHAT DOES THE WORD 'TEXTILES' MEAN?

It's the generic word that refers to all products comprised of textile fibres, either pure or mixed, during the stages of their production or usage.

WHAT DO WE UNDERSTAND BY 'FIBRES'?

Fibres can be natural, originating from plants (cotton, linen/flax, jute, hemp, sisal…), animals (wool, silk, angora…) or minerals (asbestos).

They can also be artificial chemicals, where the raw material is natural (cellulose viscose, fibreglass, ceramic or basalt…).

Finally, they can be synthetic chemicals, where the raw material is oil (nylon, polyester, polypropylene, polyethylene, acrylic, aramid…)

These fibres are transformed into tissues by being spun, twisted, woven, knitted or braided. They can also be non-woven or made into composite textiles. Dyed and dressed, bonded and micro-encapsulated, the materials produced are subjected to ever more sophisticated treatments and specific care in the research and development offices.

Clothing, decorating, beautifying, protecting, binding, lifting, packaging, transporting, lashing down, retaining, reinforcing, communicating, lighting, warning… these are just some of the functions of textiles.

THE TEXTILES MARKET IS DIVIDED INTO SEVERAL LARGE SECTORS:

1 The clothing industry market, essentially garments, household linen and furnishing, which is a supply market.

2 Another supply market, this time oriented towards textiles with technical applications, has experienced a considerable expansion with the non-woven materials. Here, we mainly find the products meant for hygiene and cleaning (cotton pads for make-up removal, babies' nappies, cleansing towelettes…). These 'mass' markets are universal, their distribution is largely dominated by large chains and they grow at the same rate as world population growth and the development of the purchasing power of that population.

3 Finally, the technical textiles market is an emerging market, whose limits are unknown. It is no longer a supply market, but rather a 'response' market. It involves creating a product that responds perfectly to the customer's specifications. This often requires the invention of new molecules, new threads, new materials structures, sometimes new machines and other beautifying surface treatments.

Textiles manufacturers are also obliged to join forces with other professions (plastics technology, electronics, pharmaceuticals, etc.), in order to meet these requirements. It equally requires a perfect knowledge of the materials' 'behaviour', depending on the conditions to which they will be subjected: centres of testing, research and certification are called upon and there is no margin for error.

Hence it also implies a high amount of networking: networks of firms, professions, and competences, on a European and sometimes global scale.

Pierre Delvoye
CLUBTEX

WEYERS & BORMS

Gravioli

Deze doodskist van Weyers & Borms is heel bijzonder! *Gravioli* bestaat uit jutevezels gerecycleerd uit koffiebalen, meel en zonnebloempitten. Het geheel krijgt zo een esthetische souplesse en vooral ook bio-afbreekbare kwaliteiten, die niet gespeend zijn van enige humor...

Ce cercueil conçu par les designers Weyers & Borms est très particulier ! Sa construction en composite intégrant des fibres de jute, des sacs de café recyclés, farine et graines de tournesols lui confère une souplesse esthétique et surtout des qualités biodégradables non dénuées d'un certain humour...

With *Gravioli*, Weyers and Borms created a biodegradable coffin consisting of jute fibres which are recycled from coffee bags, flour and sunflower seeds. The coffin is an example of aesthetic flexibility, with a touch of humour.

WEYERS & BORMS, GRAVIOLI, 2002, 225 X 82 X 62 CM,
POLYURETHANE, JUTE FIBRES OF RECYCLED COFFEE BAGS,
FLOUR AND SUNFLOWER SEEDS, LA ZELOISE ©WEYERS & BORMS

HET VERHAAL GAAT VERDER!

lille3000 zet de onverdroten dynamiek van Culture-le Hoofdstad van Europa verder. lille3000 biedt een toegangspoort tot de toekomst. Het doel blijft de rijkdom en de complexiteit van morgen bij elke stap van zijn ontwikkeling in vraag te stellen. lille3000 heeft dit in 2006 met Bombaysers de Lille heel intens ervaren. Na het eerste event net voor Europe XXL, in 2009, over Europa en zijn onzichtbare grenzen, stelde lille3000 « Passage du temps » voor in het Tripostal. Voor de eerste keer werd de Collection François Pinault Foundation met werken van grote internationale kunstenaars voorgesteld.

Een ander belangrijk thema van lille3000 blijft de open visie op de toekomst en op de avant-garde. In het hart van dit thema kaart Futurotextiles deze vragen aan op een ongewone manier, nl. vanuit het oogpunt van de kunst en van de wetenschap.

Na het succes van de expositie in Lille in 2006 en in Istanbul in 2007, hebben de stad Kortrijk en lille3000 besloten Futurotextiel 08 in Kortrijk te presenteren in de herfst van 2008. Het blijft de vrucht van een doorgedreven grensoverschrijdende samenwerking.

LE VOYAGE CONTINUE!

lille3000 poursuit et approfondit le dynamisme insufflé par Lille 2004 Capitale Européenne de la Culture. Porte d'entrée vers le futur, lille3000 se propose d'explorer les richesses et les complexités du monde de demain en interrogeant chacune des voies de son développement.

Cette ouverture vers d'autres mondes, lille3000 l'a vécue intensément à l'automne 2006, avec Bombaysers de Lille. Après cette première édition et avant Europe XXL, prévu du 14 mars au 12 juillet 2009 autour de l'Europe et de ses frontières invisibles, lille3000 a présenté, pour la première fois en France, l'exposition Passage du Temps, au Tri Postal, une présentation d'œuvres majeures de grands artistes internationaux, issues de la Collection François Pinault Foundation.

Autre thème de lille3000, les multiples visions du futur et l'avant-garde. Au coeur de cette thématique, l'exposition Futurotextiles aborde ces questions de manière insolite et mêlant l'art et la science. Après le succès de l'exposition à Lille en 2006 et à Istanbul en 2007, la ville de Kortrijk et lille3000 présentent Futurotextiel 08 à Kortrijk à l'automne 2008, fruit d'une collaboration transfrontalière.

THE VOYAGE GOES ON!

lille3000 continues and strengthens the dynamism insufflated by Lille 2004 Cultural Capital of Europe. lille3000, gateway to the future, aims to explore the wealth and complexities of tomorrow's world by questioning each path in its development. lille3000 experienced this opening up to other worlds intensely in autumn 2006, with Bombaysers de Lille. After this first event and before Europe XXL, planned from 14th March to 12th July 2009 around Europe and its invisible borders, lille3000 presented the exhibition Passage du Temps (Passage of Time) at the Tri Postal. For the first time in France, the François Pinault Foundation has presented a selection of major works by great international artists.

Another theme of lille3000 is the many visions of the future and the avant-garde. At the heart of these themes, the exhibition Futurotextiles tackles these issues in an unusual way combining art and science. After the success of the exhibition in Lille in 2006 and Istanbul in 2007, the town of Kortrijk and lille3000 present Futurotextiel 08 in Kortrijk in autumn 2008, a result of cross-border cooperation.
www.lille3000.com

DESIGNREGIO KORTRIJK

Designregio Kortrijk vzw is een samenwerkingsplatform tussen de Stad Kortrijk, Stichting Interieur, Voka/Kamer van Koophandel West-Vlaanderen, Hogeschool West-Vlaanderen, Departement PIH en de Intercommunale Leiedal. Deze vijf partners bundelen hun troeven op vlak van design en productontwikkeling om de positie van de regio Kortrijk als designstreek in Vlaanderen en Europa nog te versterken. De activiteiten van Designregio Kortrijk hebben tot doel om de designcultuur nog sterker te ontplooien in het industriële weefsel van de regio, in het onderwijs en in de publieke sector.

Designregio Kortrijk focust haar activiteiten op zes assen: het sensibiliseren van de ondernemingswereld voor design en productontwikkeling • het versterken van het onderwijsaanbod op het vlak van vormgeving en productinnovatie • het ontwikkelen van de voorbeeldfunctie van de overheid op gebied van architectuur en vormgeving • het positioneren van de Kortrijkse stad en regio als een innovatieve en creatieve designregio • het uitbouwen van een internationaal netwerk van desigsteden en designregio' • het overkoepelen van relevante designinitiatieven in de regio • Designregio Kortrijk werkt in nauwe samenwerking met diverse expertisecentra en opereert als dragende structuur voor verschillende autonome projecten.

Designregio Kortrijk a.s.b.l. est une plateforme de collaboration entre la ville de Courtrai, Stichting Interieur, la Voka/Chambre de commerce de la Flandre occidentale, la Hogeschool West-Vlaanderen, le Département PIH et l'Intercommunale Leiedal. Ces cinq partenaires unissent leurs atouts en matière de design et de conception de nouveaux produits afin de renforcer la position de la région de Courtrai en tant que région de design en Flandre et en Europe. Les activités de Designregio Kortrijk ont pour but de développer davantage la culture du design dans les domaines de l'industrie, de l'enseignement ainsi que dans le secteur publique de la région.

Designregio Kortrijk est particulièrement active dans 6 domaines : la sensibilisation du monde des entreprises au design et à la conception de nouveaux produits • le renforcement des programmes scolaires dans les domaines du design et de l'innovation des produits • le développement de la fonction d'exemple du gouvernement en matière d'architecture et de design • le positionnement de la ville et de la région de Courtrai en tant que région de design innovatrice et créative • l'établissement d'un réseau international de villes et de régions de design • la mise en place d'un organisme de coordination des événements de design pertinents dans la région • Designregio Kortrijk travaille en étroite collaboration avec divers centres d'expertise et agit comme structure porteuse pour différents projets autonomes.

Designregio Kortrijk vzw is a cooperation platform between the city of Kortrijk, Interieur Foundation, Voka/Chamber of Commerce West-Flanders, the Hogeschool West-Vlaanderen, Department PIH and the Intermunicipal Company Leiedal. These five partners combine their assets in the field of design and product development to strengthen the position of the region of Kortrijk as design area in Flanders and Europe. The activities of Designregio Kortrijk aim to develop more strongly the design culture within the industrial structure of the area, in education and in the public sector.

Designregio Kortrijk focuses its activities on six axes: Sensibilising the world of venturing for design and product development. • Strengthening education initiatives concerning design and product innovation. • Developing an exemplary role for the government in the field of architecture and design. • Positioning the city and region of Kortrijk as an innovative and creative design area. • Developing an international network of design cities and regions. • Coordinate relevant design initiatives in the area. • Designregio Kortrijk collaborates closely with various centres of expertise and operates as a supporting structure for many autonomous projects.

TEXTIMODULE

De TextiModule is een reizende tentoonstelling waarbij men de meest spectaculaire toepassingen en creaties uit Futurotextiel 08 presenteert. In 2009 en 2010 gaat een origineel architecturaal opblaasbaar concept van de Studio Arne Quinze op internationale tournee. Dit project is een productie naar een concept van lille3000 in partnership met Culturesfrance, gedelegeerde van het Ministère des Affaires Étrangères et de la Culture et de la Communication voor de internationale uitwisselingen, de Région Nord-Pas de Calais, de provincie West-Vlaanderen en de Vlaamse Gemeenschap.

Le TextiModule est une exposition itinérante où l'on retrouvera une sélection des applications et des créations les plus spectaculaires issues de Futurotextil 08. Il démarrera une tournée internationale en 2009 et 2010 dans un concept original d'architectures gonflables créées pour l'occasion par le Studio Arne Quinze. Ce projet est conçu par lille3000 en partenariat avec Culturesfrance, opérateur délégué du Ministère des Affaires Étrangères et de la Culture et de la Communication pour les échanges internationaux, la Région Nord-Pas de Calais, la province de la Flandre Occidentale et la Région flamande.

TextiModule is a travelling exhibition that presents the most spectacular creations and applications of Futurotextiel 08. In 2009 and 2010 an architecturally original inflatable concept by Studio Arne Quinze will go on an international tour. This project has been produced following a concept by lille3000 in a partnership with Culturesfrance, deputy of the Ministère des Affaires Etrangères et de la Culture et de la Communication (Ministry of Foreign Affairs, Culture and Communication) for international exchange programs, the Région Nord-Pas de Calais, the Province of West-Vlaanderen (West-Flanders) and the Vlaamse Gemeenschap (Flemish Community).
Commisariat: lille3000

DESIGN - WWW.CSM.ARTS.AC.UK

CENTRE POMPIDOU – WWW.CENTREPOMPIDOU.FR

CENTRE POMPIDOU-METZ –
WWW.CENTREPOMPIDOU-METZ.FR

CLUBTEX - WWW.CLUBTEX.FR

CULTURESFRANCE –
WWW.CULTURESFRANCE.COM

COMMUNAUTÉ D'AGGLOMÉRATION DE METZ
MÉTROPOLE : WWW.CA2M.COM

DESIGN VLAANDEREN – WWW.DESIGNVLAANDEREN.BE

DIXIE DANSERCOER – WWW.CIRCLES.CC

EDIZIONI GALLERIA COLOMBARI – WWW.ARTNET.COM/
EDIZIONIGALLERIACOLOMBARI.HTML

ENSAIT – WWW.ENSAIT.FR

FEDUSTRIA – WWW.FEDUSTRIA.BE

FLANDERS FASHION INSTITUTE – WWW.FFI.BE

FLANDERS INSHAPE – WWW.FLANDERSINSHAPE.BE

FOND RÉGIONAL D'ART CONTEMPORAIN (FRAC)
NORD-PAS DE CALAIS – WWW.FRACNPDC.FR

FOURNIER MICHEL – LE GRAND SAUT –
WWW.LEGRANDSAUT.ORG

FUNDACIÓN PRIVADA SORRIGUÉ DE LLEIDA (SPAIN) –
WWW.GRUPOSORIGUE.COM

GALERIE VERNEY-CARRON –
WWW.GALERIE-VERNEY-CARRON.COM

HEI (HAUTES ETUDES D'INGÉNIEUR) –
WWW.HEI.FR / WWW.HELIOSCAR.COM

HOGESCHOOL GENT – WWW.HOGENT.BE

HOGESCHOOL WEST-VLAANDEREN – WWW.HOWEST.BE

HOLST CENTRE – WWW.HOLSTCENTRE.COM

IMEC – WWW.IMEC.BE

INSTITUT SUPÉRIEUR DE DESIGN (VALENCIENNES) –
WWW.ISD-VALENCIENNES.COM

INTERIEUR FOUNDATION – WWW.INTERIEUR.BE

KASK – WWW.KASK.BE

KATHOLIEKE UNIVERSITEIT LEUVEN –
WWW.MTM.KULEUVEN.BE

LA BIBLIOTHÈQUE NATIONALE DE FRANCE –
WWW.BNF.FR

LIEBAERTS PROJECTS - GERY VAN TENDELOO

L'OBSERVATOIRE DE L'ESPACE DU CNES –
WWW.CNES-OBSERVATOIRE.NET

MASTERS OF LINEN – WWW.MASTERSOFLINEN.COM

MUSÉE DES ARTS DÉCORATIFS DE PARIS –
WWW.LESARTSDECORATIFS.FR

OPTIMO – WWW.OPTIMO.BE

PIH KORTRIJK – WWW.PIH.BE

PROETEX – WWW.PROETEX.ORG

SCIENCE GALLERY, TRINITY COLLEGE
(DUBLIN, IRELAND) – WWW.SCIENCEGALLERY.IE

TEXSTREAM.BE – WWW.TEXSTREAM.BE

UNIVERSITEIT CAGLIARI (ITALY) –
WWW.DIEE.UNICA.IT

UNIVERSITEIT GENT – WWW.UNIVERSITEITGENT.BE

UNIVERSITY OF HONGKONG – WWW.ITC.POLYU.
EDU.HK

UNIVERSITY OF WARWICK (ENGLAND) -
WWW.WMG.WARWICK.AC.UK

UP-TEX - WWW.UP-TEX.FR

VIA (VALORISATION DE L'INNOVATION
DANS L'AMEUBLEMENT)- WWW.VIA.FR

VLASMUSEUM KORTRIJK –
WWW.KORTRIJK.BE/MUSEA

VRIJE UNIVERSITEIT BRUSSEL – WWW.VUB.BE

VTI WAREGEM – WWW.VTIWAREGEM.BE

WEALTHY SYSTEM : WWW.CSEM.CH

ARTISTS

ALMEIDA TERESA – WWW.BANHIMARIA.NET

ANNAMARIACORNELIA –
WWW.ANNAMARIACORNELIA.COM

ANNEREL STEFAN

ARAD RON– WWW.RONARAD.COM

ARORA MANISH– WWW.MANISHARORA.WS

BAITEL BINA – WWW.BINABAITEL.COM

BOSSI DANIELE

BOSSUYT ISOLDE - BOSSUYTISOLDE@YAHOO.COM

BROICH CHRISTOPH - WWW.CHRISTOPHBROICH.COM

BUREN DANIEL - WWW.DANIELBUREN.COM

CARDIN PIERRE : WWW.PIERRECARDIN.COM

COPERS LEO

COURRÈGES : WWW.COURREGES.COM

CRASSET MATALI – WWW.MATALICRASSET.COM

CUTECIRCUIT – WWW.CUTECIRCUIT.COM

DEBRUYCKERE BERLINDE

DE CASTELBAJAC JEAN-CHARLES -
WWW.JC-DE-CASTELBAJAC.COM

DE SENNEVILLE ELISABETH-
WWW.E2SENNEVILLE.COM

DE SMUL INGRID - ING_DS@HOTMAIL.COM

EVENEPOEL ANITA

FABRE JAN - WWW.JANFABRE.BE

FLOCH NICOLAS - WWW.NICHOLASFLOCH.NET

FREEDOM OF CREATION –

WWW.FREEDOMOFCREATION.COM

FRIAS ALBERTO – WWW.ALBERTOFRIAS.COM

GADENNE BERTRAND

GERMAIN ALAIN – WWW.ALAINGERMAIN.COM

GRIMSHAW NICHOLAS -
WWW.GRIMSHAW-ARCHITECTS.COM

KOMPLOT DESIGN – WWW.KOMPLOT.DK

LEENDERS MARIËLLE– WWW.MARIELLELEENDERS.NL

LÉGER CAROLINE : WWW.CAROLINELEGER.BE

LOVEGROVE ROSS – WWW.ROSSLOVEGROVE.COM

LUCY MCRAE & BART HESS –
WWW.LUCYANDBART.COM

MEYLAERTS DIRK – WWW.DIRK-MEYLAERTS.COM

MÜLLER HANS-WALTER

NAKAZATO YUIMA

OLIVIER LAPIDUS ET MICHEL BORDAGE:
WWW.MBORDAGE.COM

QUADENS POL– WWW.POLQUADENS.COM

RADFORD CRYNS TALIA ELENA –
WWW.CREATIVEDNAAUSTRIA.COM

RASHID KARIM– WWW.KARIMRASHID.COM

REINOSO PABLO – WWW.PABLOREINOSO.COM

SANTACHIARA DENIS– WWW.DENISSANTACHIARA.IT

SANTORO ALYCE - WWW.ALYCESANTORO.COM

SCHICKER KATHY: WWW.CSM.ARTS.AC.UK

SHIGERU BAN ET JEAN DE GASTINES -
WWW.SHIGERUBANARCHITECTS.COM

SMITS ROMY– WWW.ROMYSMITS.COM

SPERBER DEVORAH- WWW.DEVORAHSPERBER.COM

SPETER NATHALIE: WWW.ISD-VALENCIENNES.COM

STREICHER MAX – WWW.MAXSTREICHER.COM

STUDIO ARNE QUINZE –
WWW.STUDIOARNEQUINZE.TV

STUDIO NIELS VAN EIJK & MIRIAM VAN DER LUBBE –
WWW.ONS-ADRES.NL

VAN BEIRENDONCK WALTER –
WWW.WALTERVANBEIRENDONCK.COM

VINCENT B. - WWW.ARTISTE-PEINTRE-
CONTEMPORAIN.COM

WEYERS & BORMS – WWW.WEYERSBORMS.COM

WOLINSKY CARY- TRILLIUM STUDIOS –
WWW.CARYWOLINSKY.COM

YOSHIOKA TOKUJIN– WWW.TOKUJIN.COM

XHAFA SISLEJ

BESCHERMCOMITE / COMITE DE PARRAINAGE / UNDER THE PATRONAGE OF

Stefaan De Clerck
BURGEMEESTER VAN KORTRIJK /
BOURGMESTRE DE COURTRAI /
MAYOR OF KORTRIJK

Martine Aubry
VOORZITTER LILLE3000,
BURGEMEESTER VAN LILLE,
VOORZITTER LILLE MÉTROPOLE
COMMUNAUTÉ URBAINE /
PRÉSIDENTE DE LILLE3000,
MAIRE DE LILLE, PRÉSIDENTE DE LILLE
MÉTROPOLE COMMUNAUTÉ URBAINE /
PRESIDENT LILLE3000,
MAYOR OF LILLE,
PRESIDENT LILLE MÉTROPOLE
COMMUNAUTÉ URBAINE

Kris Peeters
MINISTER-PRESIDENT VAN DE VLAAMSE
REGERING / MINISTRE-PRÉSIDENT DU
GOUVERNEMENT FLAMAND / MINISTER-PRESIDENT
OF THE FLEMISH GOVERNMENT

Patricia Ceysens
VLAAMS MINISTER VAN ECONOMIE,
WETENSCHAP EN INNOVATIE / MINISTRE
FLAMAND D'ECONOMIE, SCIENCES ET INNOVATION /
FLEMISH MINISTER OF ECONOMY,
SCIENCE AND INNOVATION

Vincent Van Quickenborne
MINISTER VOOR ONDERNEMEN
EN VEREENVOUDIGEN / MINISTRE POUR
L'ENTREPRISE ET LA SIMPLIFICATION /
MINISTER OF ENTERPRISES AND SIMPLIFICATION

Marleen Titeca-Decraene
GEDEPUTEERDE PROVINCIE WEST-VLAANDEREN
/ DÉPUTÉE PROVINCE FLANDRE OCCIDENTALE /
DELEGATE OF THE PROVINCE OF WEST-FLANDERS

Michèle Sioen
CEO SIOEN, VOORZITSTER FEDUSTRIA /
PDG SIOEN, PRÉSIDENTE FEDUSTRIA /
CEO SIOEN, PRESIDENT FEDUSTRIA

Didier Fusillier
DIRECTEUR / DIRECTEUR GÉNÉRAL /
GENERAL DIRECTOR LILLE3000

ARTISTIEK TEAM / EQUIPE ARTISTIQUE / ARTISTIC TEAM

Caroline David
COMMISSARIS / COMMISSAIRE / CURATOR
(LILLE3000)

Isabelle De Jaegere
ARTISTIEKE LEIDING / COORDINATION
ARTISTIQUE/ ARTISTIC COORDINATION
(STAD KORTRIJK)

Studio Arne Quinze
SCENOGRAFIE / SCÉNOGRAPHIE / SCENOGRAPHY

Veerle Van Durme
ARTISTIEKE ASSISTENTIE / ASSISTANTE
ARTISTIQUE / ARTISTIC ASSISTANCE

Hélène Stril, Elise Rigaux,
Lucie Delhomme
ASSISTENT COMMISSARIS / ASSISTANTES AU
COMMISSARIAT / ASSISTANTS OF THE CURATOR
(LILLE3000)

Pierre Delvoye
ADVISEUR / CONSEILLER / ADVISOR (CLUBTEX)

Francis Verstraete
ADVISEUR / CONSEILLER / ADVISOR (GROUP
MASUREEL)

Mark Vervaeke
ADVISEUR / CONSEILLER / ADVISOR (FEDUSTRIA)

OPERATIONELE WERKGROEP / EQUIPE OPERATIONNELLE / OPERATIONAL TEAM

Marie De Clerck
PROJECTLEIDER / COORDINATION GÉNÉRALE /
PROJECT COORDINATOR

Nathalie Deprez
PROJECTASSISTENT / ASSISTANTE PROJET /
PROJECT ASSISTANT

Dominique Viaene
COMMUNICATIE / COMMUNICATION

Thierry Lesueur
COÖRDINATOR / COORDINATEUR GÉNÉRAL /
COORDINATOR LILLE3000

Dominique Lagache
BEHEERSTER /ADMINISTRATRICE/
ADMINISTRATOR LILLE3000

Chris Lecluyse
DIRECTEUR / DIRECTOR DESIGNREGIO KORTRIJK

Benjamin Herman
KABINETSMEDEWERKER BURGEMEESTER
KORTRIJK / CABINET DU BOURGMESTRE DE
COURTRAI / OFFICE OF THE MAYOR OF KORTRIJK

Clémence Levassor
VERANTWOORDELIJKE PRODUCTIE /
CHARGÉE DE PRODUCTION /
PRODUCTION LILLE3000

Olivier Celarié
DIRECTEUR COMMUNICATIE LILLE3000 /
DIRECTEUR DE LA COMMUNICATION DE LILLE3000
/ COMMUNICATION DIRECTOR LILLE3000

Vanessa Duret
VERANTWOORDELIJKE COMMUNICATIE /
CHARGÉE DE COMMUNICATION /
COMMUNICATION LILLE3000

Magali Avisse
VERANTWOORDELIJKE PUBLIC RELATIONS /
CHARGÉE DES RELATIONS PUBLIQUES /
PUBLIC RELATIONS LILLE3000

Claire Bourgois
VERANTWOORDELIJKE PARTNERSHIPS /
CHARGÉE DE PARTENARIAT /
PARTNERSHIPS LILLE3000

Catherine Baelde
CEL TENTOONSTELLINGEN STAD KORTRIJK /
CELLULE EXPOSITIONS VILLE DE COURTRAI /
EXHIBITIONS DEPARTMENT CITY OF KORTRIJK

Dries Vandenberghe
DIRECTIE EVENEMENTEN STAD KORTRIJK /
DIRECTION ÉVÈNEMENTS VILLE DE COURTRAI /
EVENT DIRECTOR CITY OF KORTRIJK

Jean-Pierre Vanacker
ARCHITECT, DIRECTEUR FACILITY STAD KORTRIJK
/ ARCHITECTE VILLE DE COURTRAI / FACILITY
DIRECTOR CITY OF KORTRIJK

Frank Mahieu
TECHNISCH HOOFDMEDEWERKER STAD KORTRIJK /
CHEF D'ÉQUIPE TECHNIQUE VILLE DE COURTRAI /
FACILITY STAFF MEMBER CITY OF KORTRIJK

ORGANISATIE
ORGANISATEURS
ORGANISATION

PARTNERS / PARTENAIRES
FUTUROTEXTIEL 08

SPONSORS

MET DE STEUN VAN
AVEC LE SOUTIEN DE
WITH THE SUPPORT OF

Mediapartners / Partenaires média :

Partners / Partenaires:

Partners lille3000 /
Partenaires de lille3000 :

Partners / Partenaires Textimodule:

ALGEMENE COÖRDINATIE /
COORDINATION GÉNÉRALE / GENERAL COORDINATION
Marie De Clerck

ARTISTIEKE COÖRDINATIE / COORDINATION
ARTISTIQUE/ ARTISTIC COORDINATION
Caroline David, Isabelle De Jaegere

COÖRDINATIE CATALOGUS / COORDINATION
CATALOGUE / COORDINATION CATALOGUE
Lucie Delhomme, lille3000
Karel Puype, Stichting Kunstboek

TEKSTEN / TEXTES / TEXTS
Stefaan De Clerck, Martine Aubry,
Caroline David, Pierre Delvoye,
Mark Vervaeke, Jean-Francois Dhennin,
Lut Pil, Jesse Brouns, Marijke Mollaert,
Marie O'Mahony, Mark Croes, Marc Gochel,
Jean-François Bracq

VERTALINGEN / TRADUCTIONS / TRANSLATIONS
Hilde d'Hulst, Sally-Ann Hopwood

EINDREDACTIE / RÉDACTION FINALE /
FINAL EDITING
Dominique Viaene, Vanessa Duret,
Eva Joos, Heide-Mieke Scherpereel

LAY-OUT / MISE EN PAGES / LAYOUT
oeyenenwinters, Antwerpen

GEDRUKT DOOR / ACHEVÉ D'IMPRIMER
SUR LES PRESSES DE / PRINTED BY
Group Van Damme, Oostkamp

UITGEGEVEN DOOR / UN ÉDITION DE / PUBLISHED BY
Stichting Kunstboek bvba,
B-8020 Oostkamp
www.stichtingkunstboek.com

ISBN: 978-90-5856-294-4
NUR 656 D/2008/6407/26

NEXT PAGES: MAX STREICHER, SILENUS, 2002,
NYLONS SPINNAKER ©MAX STREICHER

COVER: PHOTOGRAPHY: ROGER DYCKMANS ASSISTED BY
ANITA JANSSENS — MAKE-UP: STEVENRAES@TOUCH.COM FOR
GIVENCHY — COSTUME: KRARIN SCALABRIN — ANITA EVENEPOEL
(WORKSHOP) — MODEL: ELITSA PETROVA
PRODUCTION: OEYENENWINTERS